¿Qué pasaría sí?

Las preguntas que alguna vez te habías hecho acerca del cosmos

Contenido

¿QUÉ PASARÍA SI EL UNIVERSO DEJARA DE EXPANDIRSE? 2

¿QUÉ PASARÍA SI EL UNIVERSO SE ACABARA MAÑANA? 4

¿QUÉ PASARÍA SI TODAS LAS ESTRELLAS EN EL UNIVERSO EXPLOTARAN AL MISMO TIEMPO? 6

¿QUÉ PASARÍA SI NUESTRO UNIVERSO CHOCARA CON OTRO UNIVERSO? 9

¿QUÉ PASARÍA SI UN AGUJERO NEGRO ELIMINARA EL UNIVERSO? 12

¿QUÉ PASA SI CAES DENTRO DE UN AGUJERO NEGRO? 14

¿QUÉ PASARÍA SI DOS AGUJEROS NEGROS COLISIONAN? 17

¿QUÉ PASARÍA SI LA TIERRA FUERA SUCCIONADA POR UN AGUJERO NEGRO? 20

¿QUÉ PASARÍA SI EL SISTEMA SOLAR ORBITA UN AGUJERO NEGRO? 23

¿QUÉ PASARÍA SI ENVIÁRAMOS NUESTRA BASURA AL SOL? 26

¿QUÉ PASARÍA SI UNA TORMENTA SOLAR IMPACTARA LA TIERRA? 29

¿QUÉ PASARÍA SI NUESTRO SOL SE CONVIERTE EN UNA ESTRELLA DE NEUTRONES? 31

¿QUÉ PASARÍA SI JÚPITER SE CONVIRTIERA EN UNA ESTRELLA? 33

¿QUÉ PASARÍA SI LA TIERRA GIRARA AL REVÉS? 35

¿QUÉ PASARÍA SI VIAJARAS MIL MILLONES DE AÑOS EN EL FUTURO? 37

¿QUÉ PASARÍA SI DESTINAMOS LA MITAD DEL PLANETA A LA VIDA SILVESTRE? .. 41

¿QUÉ PASARÍA SI EL SOL DESAPARECIERA? 44

¿QUÉ PASARÍA SI TUVIÉRAMOS DOS SOLES? 46

¿QUÉ PASARÍA SI APAGÁRAMOS NUESTRO SOL? 49

¿QUÉ PASARÍA SI EL SOL SE TRAGARA A LA TIERRA? 52

¿QUÉ PASARÍA SI REABASTECIÉRAMOS EL SOL CON JÚPITER? 54

¿QUÉ PASARÍA SI UNA CUASI-ESTRELLA ENTRARA A NUESTRO SISTEMA SOLAR? 56

¿QUÉ PASARÍA SI EL SOL COMENZARA A MORIR? 58

¿QUÉ PASARÍA SI URANO CHOCARA CON LA TIERRA?...60

¿QUÉ PASARÍA SI CAYERAS EN JÚPITER?...63

¿QUÉ PASARÍA SI LOS EXTRATERRESTRES LLEGARAN MAÑANA?................................66

¿QUÉ PASARÍA SI LA TIERRA TUVIERA ANILLOS COMO SATURNO?............................70

¿QUÉ PASARÍA SI LA TIERRA FUERA TAN GRANDE COMO EL SOL?............................73

¿QUÉ PASARÍA SI BETELGEUSE EXPLOTARA AHORA MISMO?.......................................77

¿QUÉ PASARÍA SI, DE REPENTE, NOS QUEDARÍAMOS SIN LUNA?................................80

¿QUÉ PASARÍA SI TERRAFORMÁRAMOS VENUS?..82

¿QUÉ PASARÍA SI UN MAGNETAR ENTRARA A NUESTRO SISTEMA SOLAR?.............85

¿QUÉ PASARÍA SI EL SOL EXPLOTARA MAÑANA?..87

¿QUÉ PASARÍA SI EL UNIVERSO FUERA BLANCO Y NO NEGRO?..................................90

¿QUÉ PASARÍA SI MURIERAS EN EL ESPACIO?..92

¿QUÉ PASARÍA SI LA TIERRA ESTUVIERA CERCA DE LA VÍA LÁCTEA? 95

¿QUÉ PASARÍA SI HUBIERA OTRA TIERRA EN NUESTRO SISTEMA? 98

¿QUÉ PASARÍA SI CONSTRUYÉRAMOS UN PLANETA ARTIFICIAL?............................101

¿QUÉ PASARÍA SI PUDIÉRAMOS CONSTRUIR UN DISCO DE ALDERSON?..................104

¿QUÉ PASARÍA SI A TIERRA FUERA UNA LUNA DE JÚPITER?......................................108

¿QUÉ PASARÍA SI NOS VAMOS A VIVIR A MARTE?..110

¿QUÉ PASARÍA SI VIAJARAS A LOS ANILLOS DE SATURNO? 113

¿QUÉ PASARÍA SI TUVIÉRAMOS TECNOLOGÍA DE DESPLAZAMIENTO POR CURVATURA? 116

¿QUÉ PASARÍA SI PUDIERAS NADAR EN LOS LAGOS DE TITÁN?................................119

¿QUÉ PASARÍA SI PUDIÉRAMOS CONSTRUIR LA ESTRELLA DE LA MUERTE? 121

¿QUÉ PASARÍA SI CONSTRUYÉRAMOS UNA ESFERA DE DYSON ALREDEDOR DEL SOL? 125

¿QUÉ PASARÍA SI LA VIDA EXTRATERRESTRE FUERA A BASE DE SILICIO?............127

¿QUÉ PASARÍA SI EL SOL FUERA MÁS PEQUEÑO QUE LA TIERRA? 129

¿QUÉ PASARÍA SI TERRAFORMAMOS LA LUNA? 131

¿QUÉ PASARÍA SI EL SOL SE CONVIRTIERA EN UNA ENANA NEGRA? 134

¿QUÉ HARÍA FALTA PARA QUE LA HUMANIDAD SE CONVIERTA EN UNA ESPECIE INTERESTELAR? 137

¿QUÉ PASARÍA SI LA TIERRA TUVIERA DOS LUNAS? 140

¿QUÉ PASARÍA SI LA VÍA LÁCTEA Y ANDRÓMEDA COLISIONARAN? 142

¿QUÉ PASARÍA SI EL PLANETA X FUERA REAL? 144

¿QUÉ PASARÍA SI UN AGUJERO NEGRO, DEL TAMAÑO DE UNA MONEDA, APARECIERA EN LA TIERRA? 147

¿QUÉ PASARÍA SI LA TIERRA ESTUVIERA DENTRO DE UNA NEBULOSA? 149

¿QUÉ PASARÍA SI UNA ONDA GRAVITACIONAL GOLPEARA LA TIERRA? 151

¿QUÉ PASA SI CREAMOS UNA RÉPLICA DEL SOL EN LA TIERRA? 154

¿QUÉ PASARÍA SI LA LUNA EXPLOTARA? 156

¿QUÉ PASARÍA SI SE PUDIERA APROVECHAR LA ENERGÍA DE UN AGUJERO NEGRO? 159

¿QUÉ PASARÍA SI UNA EXPLOSIÓN DE RAYOS GAMMA IMPACTARA A LA TIERRA? 162

¿QUÉ PASARÍA SI DETONÁRAMOS UNA BOMBA NUCLEAR EN LA LUNA? 164

¿QUÉ PASARÍA SI CONSTRUIMOS UNA TORRE QUE LLEGUE AL ESPACIO EXTERIOR? 166

¿QUÉ PASARÍA SI TUVIERAS UN GEMELO CÓSMICO? 169

¿QUÉ PASARÍA SI ATRAPÁRAMOS UN VISITANTE INTERESTELAR? 172

¿QUÉ PASARÍA SI EMPEZÁRAMOS A EXTRAER MINERALES DE LOS ASTEROIDES? 175

¿Qué pasaría si el Universo dejara de expandirse?

Hace cerca de 13,800 millones de años, una singularidad pequeña, densa y de muy alta temperatura se expandió para convertirse en lo que hoy llamamos universo. No ha dejado de crecer desde entonces.

Pero, ¿qué tal si dejara de hacerlo? ¿Qué tal si todas las galaxias, las estrellas, los planetas, todo a nuestro alrededor, dejara de moverse y de tomar distancia?

Antes de la década de los 20s, pensábamos que el universo era estático. Luego, Edwin Hubble observó que las galaxias se distanciaban entre ellas. Años después, el telescopio espacial Hubble nos demostró que no solo el universo se expande, sino que crece en una tasa exponencial. Esto fue una sorpresa para los astrofísicos. Ellos creían que la expansión, de hecho, se estaba ralentizando debido a la fuerza de gravedad.

Para explicar este descubrimiento, lanzaron la teoría de que hay una fuerza que acelera la expansión del universo.

¿Qué pasaría si esta energía hipotética dejara de generar esta fuerza que expande el universo?

Asumamos que la fuerza de la energía oscura disminuye en el tiempo, pero es suficiente para contrarrestar la fuerza de la gravedad. ¿Cómo sería este escenario?

Si este fuera el caso, el universo se convertiría en lo que Albert Einstein imaginó hace 100 años, antes de que el descubrimiento de Hubble cambiara las reglas del juego y la postura de Einstein.

El universo sería estático. No se expandiría ni se contraería. Eventualmente, las estrellas acabarían con el gas que permite su formación. No nacerían muchas estrellas y las existentes morirían. El universo se volvería más oscuro y estaría lleno de agujeros negros. En ese momento, la Tierra ya habría desaparecido, absorbida por la gigante roja que alguna vez fue nuestro sol. En algún momento alcanzaría su temperatura mínima que equivale a -273 grados Celsius. A esta temperatura, los átomos dejan de moverse. El universo quedaría completamente inerte.

Una vez más asumamos que la energía oscura se volvió tan débil que ya no puede contrarrestar la fuerza de gravedad.

Si la gravedad conquistara el universo, este comenzaría a contraerse. Las galaxias se juntarían hasta fusionarse en una sola mega galaxia. Al fundirse las estrellas, unas con otras, el espacio se volvería más caliente que el sol.

Como lo dijimos, se llenaría de agujeros negros, producto de la explosión de estrellas. Estos agujeros negros se comerían todo a su alrededor: planetas, estrellas, galaxias e, incluso, otros agujeros negros. Eventualmente formarían un monstruoso agujero negro que contraería todo el universo a un solo punto, una singularidad de alta temperatura, pequeña y extremadamente densa.

El universo terminaría en una Gran Contracción y volvería a verse como era al principio de los tiempos. ¿Quién sabe? La recién formada singularidad podría generar otro Big Bang y crear un nuevo universo con estrellas, planetas y nuevas formas de vida.

No sabemos exactamente cómo terminará nuestro universo. Ni siquiera entendemos qué fuerza oscura lo está expandiendo. Es por eso que no hay solo una teoría sobre el destino del universo. Hay unas muy acertadas. Cualquiera podría ser la correcta o todas podrían estar equivocadas.

¿Qué pasaría si el universo se acabara mañana?

¿Qué pasaría si todas las estrellas desaparecieran mañana y, con ellas, los planetas, los sistemas solares y las galaxias?
En unos 50 millones de años, Fobos, una luna de Marte, impactará contra su planeta y se desintegrará.
En 100 millones de años, la Tierra probablemente recibirá el impacto de un asteroide, del tamaño del que causó la extinción de los dinosaurios.
En cerca de 1.500 millones de años, el sol será tan luminoso que la zona habitable estará mucho más lejos, mientras lo que queda de nuestra Tierra termina de rostizarse.
Todo, en algún momento, llega a su fin, incluso nuestro universo de 14 mil millones de años. ¿Cómo sería presenciar este épico fin del cosmos?
Bueno, no te pongas muy cómodo. El fin del universo significaría el fin de todo lo que hay en él. Son dos billones de galaxias que podemos observar desde la tierra, llenas de grandes cantidades de materia, desde gigantes de gas hasta raros asteroides. Todo dejaría de existir, incluyendo los seres que haya en estos lugares. Pero tus últimas horas de vida podrían variar. Todo depende de cómo se apague el universo. Estas son tres posibilidades.
El universo está en constante expansión. Las galaxias cada vez se retiran más unas de otras, a pesar de los esfuerzos de la gravedad para mantenerlas juntas. Esto ocurre por una fuerza teórica llamada energía oscura, opuesta a la fuerza de gravedad. Si un día esta energía oscura jalara muy fuerte, los pedazos de materia necesarios para que se forme una estrella estarían muy lejos unos de otros. todas las estrellas existentes se quedarían sin combustible y no habría nuevas estrellas para reemplazarlas.

Todo se pondría muy frío y muy oscuro. Una vez la temperatura alcanzara el cero absoluto, nada podría moverse, ni siquiera un átomo. El universo se volvería un espacio aburrido y estático en el que probablemente quedaría un vacío eterno.

Apuesto a que esperabas un final más espectacular para esta historia. Si la energía oscura se volviera tan intensa como para anular la fuerza de gravedad, desgarraría el universo. Comenzaría con las galaxias, despedazándolas una por una. Los agujeros negros serían los siguientes en desintegrarse seguidos por las estrellas, los planetas y los asteroides. A medida que se intensificara la expansión del universo, toda forma de materia colapsaría y se volvería radiación. Eso, claro, te incluiría a ti. El universo terminaría lleno de partículas.

¿Volvería a formarse luego de morir?

Si la fuerza de gravedad luchara lo suficiente para evitar ser anulada por la energía oscura, el universo dejaría de expandirse.

Por el contrario, se encogería. Los planetas colisionarían con otros planetas. Las estrellas se chocarían entre ellas. Las galaxias se fusionarían.

La Tierra no podría evitar la materia espacial por mucho tiempo. El universo se comprimiría en una singularidad muy densa, justo como era antes de que el Big Bang generara la formación de las galaxias.

De esa singularidad. puede surgir un nuevo comienzo cósmico, con nuevos planetas, nuevas estrellas y formas de vida. De una u otra manera, el universo y todo lo que hay en él llegará a su fin. Pero esto no pasará de un día para otro. Todavía tenemos tiempo de volvernos una civilización más avanzada y, quizás, hallar un exoplaneta para asentarnos.

¿Qué pasaría si todas las estrellas en el universo explotaran al mismo tiempo?

Por cada galaxia visible desde la Tierra, hay nueve más pequeñas que no podemos ver, incluso con toda la tecnología que hemos desarrollado. Es el 90% de todas las cosas en el universo observable que nos estamos perdiendo. Ni siquiera podemos ver todas las estrellas de la Vía Láctea. Nuestra galaxia está abarrotada de gas, polvo, estrellas más pequeñas y, bueno, un agujero negro supermasivo.

Todo eso hace que sea imposible saber cuántas estrellas hay realmente. Pero, cualquiera que sea el número, sin duda tiene muchos ceros.

Verlas explotar, todas al tiempo, podría significar que la Tierra está a punto de convertirse en nada más que polvo. Pero, también hay un escenario en el que podríamos salir con vida.

Con el tiempo, todas las estrellas agotan su combustible nuclear y mueren. Algunas de ellas se esfuman modestamente, primero hinchándose hasta convertirse en una gigante roja y, luego, enfriándose lentamente durante miles de millones de años. Las estrellas más grandes generan un estallido de luz cegador, conocido como supernova. A medida que las estrellas se vuelven supernovas, expulsan una onda de choque sobrecalentada en todas las direcciones, así como grandes cantidades de radiación.

Las supernovas que explotan a 30 años luz de la Tierra podrían lanzar tanta radiación hacia nosotros que nuestra capa de ozono comenzaría a destruirse. Cuando la capa de ozono estuviera tan dañada como para permitir que solo un 10% más de rayos UV llegaran a la superficie del planeta, casi toda la vida marina sería aniquilada.

Sin dos tercios de la capa de ozono, las personas que viven en ciudades de latitudes medias desde Londres hasta Melbourne comenzarían a tener quemaduras solares graves. Ni siquiera un "SPF 1000" protegería su piel de tanta radiación. Algunas estrellas irían un paso más allá. Colapsarían para formar agujeros negros. Desde la Tierra, se verían como múltiples destellos brillantes en el cielo.

Debido a las enormes distancias, las explosiones se verían como en cámara lenta. Se podría ver una estrella que explota durante más de diez años, mientras su luz continúa viajando hacia la Tierra.

No escucharías explosión alguna. Las ondas sonoras necesitan moléculas para viajar. Por el vacío del espacio, no habría sonido, solo un espectáculo de luces realmente genial.

Técnicamente, es posible. La superficie de nuestro planeta sería arrasada y todos los océanos se evaporarían. Cualquier sobreviviente se vería obligado a vivir bajo tierra, protegiéndose así de daños adicionales que podrían causar estas estrellas. Pero al menos la vida en la Tierra podría tener una oportunidad.

Espera ¿estoy olvidando algo?

Ah, sí.

Estaríamos compartiendo nuestro vecindario con una estrella en proceso de explosión. Si el Sol se hiciera supernova, toda la vida en la Tierra definitivamente llegaría a su fin. La superficie de nuestro planeta se volvería 15 veces más caliente que la superficie del Sol en este momento. Eso por sí solo evaporaría la Tierra en unos pocos días. Por suerte para nosotros, el Sol no es lo suficientemente grande como para volverse supernova.

Pero si explotara, lanzaría su materia en todas las direcciones y esta caería en la Tierra 22 horas después de la explosión.

No voy a mentir. Al final, todo sería terrible. Pero, luego, las estrellas en proceso de explosión podrían formar nuevas estrellas y planetas que las orbiten. Sería el comienzo de un nuevo universo.

¿Qué pasaría si nuestro universo chocara con otro universo?

La única evidencia potencial de una colisión universal que hayamos estado cerca de descubrir se encuentra en forma de un "punto frío" en nuestro universo.
En 2013, el satélite Planck de la Agencia Espacial Europea confirmó que esta área de 1.800 millones de años luz de ancho, es mucho más fría que el resto del espacio. Y parece que le faltan unas 10.000 galaxias. Al principio, los científicos estaban perplejos con su existencia. Pero ahora algunos han teorizado que este punto frío podría ser una especie de golpe o cicatriz, resultado de una colisión con otro universo.
¿Cómo podemos estar seguros? Y si este es el caso, ¿cuándo sucedería nuevamente?
Antes de avanzar, voy a tomarme un segundo para abordar algo que debe tener a varios rascándose la cabeza. Usualmente, cuando nos referimos al universo, estamos hablando de todo el tiempo y espacio, incluyendo planetas, estrellas, galaxias, y todas las demás formas de masa y energía. Así que si el universo significa básicamente todo lo que existe, entonces lógicamente solo puede existir uno, ¿no es así?
No necesariamente.

Algunos científicos creen en el concepto del multiverso. Esta teoría sugiere que nuestro universo no fue el único que apareció tras el Big Bang. Sino que existe en realidad un número infinito de universos ahí afuera. Pero simplemente aún no hemos encontrado la manera de verlos o medirlos. Si esta hipótesis es correcta, entonces es posible que todos estos otros universos hayan crecido al mismo ritmo después del Big Bang. Si ese es el caso, entonces podrían haber chocado a medida que se expandían. Y eso, nos trae de vuelta a nuestro "punto frío".

El punto frío es una región de nuestro universo que es 0.00015 grados más frío que cualquier otro lugar. Eso podría parecer irrelevante, pero dado que el resto de la temperatura del universo es tan consistente, los científicos han empezado a pensar que se trata de algo más que una simple anomalía.

Ellos creen que el punto frío podría ser una cicatriz que quedó tras la colisión entre universos, y que el choque pudo haber movido parte de la energía fuera de ese punto en nuestro universo, lo que causaría una temperatura más fría.

Pero, ¿cómo se vería una colisión de semejante magnitud?

Bueno, no podemos decirlo con certeza, pero existen ideas realmente interesantes al respecto. Según un físico de la Universidad de California, si otro universo chocara con el nuestro, se vería como un gigantesco espejo en el cielo avanzando hacia nosotros, porque su pared reflejaría la luz. Si este otro universo colisionara con el nuestro, heredaríamos toda una nueva serie de leyes de la física. La gravedad se debilitaría o desaparecería, lo que implicaría que muchos planetas terminarían escapando de la gravedad de sus respectivas estrellas, y terminarían siendo propulsados al vacío del espacio a una velocidad impresionante.

Sin gravedad, las estrellas dejarían de existir y quedaríamos en una perpetua oscuridad. Esto haría que la vida en la Tierra, y en el universo en general, fuera prácticamente imposible.

Sin estrellas brillando, perderíamos toda posibilidad de tener alimento o aire respirable, ya que las plantas no podrían transformar la luz solar en energía a través de la fotosíntesis. Pero tan mal como pueda sonar todo esto, no es algo de lo que tengamos que preocuparnos. Ya que las posibilidades de que nuestro universo colisione con otro, son prácticamente inexistentes.

Por un lado, ni siquiera estamos seguros de que existan otros universos ahí afuera con los cuales chocar. Pero incluso si existieran, cualquier colisión se habría producido cuando se estaban expandiendo 380.000 años después del Big Bang, lo que significa que prácticamente no hay posibilidad alguna de que se produzcan de nuevo. Así que si vas a preocuparte por la posibilidad de chocar con algo, tal vez deberías pensar primero en algo más realista, como un asteroide.

¿Qué pasaría si un agujero negro eliminara el universo?

Son inmensos y extremadamente densos. Acaban con todo lo que se les acerque o se les cruce. No podemos ver los agujeros negros, pero sabemos que tienen el poder destructivo de acabar con la existencia de todo.

Antes de que lleguemos al punto en el que un agujero negro acaba con el universo, dejemos algo claro: el universo es un supercomputador gigante que procesa información. Sin información, no puede haber universo. En física, la información es la propiedad de un estado específico de una partícula.

Lo sabemos. Suena muy confuso, pero hay una forma más simple de entenderlo. En un átomo de carbono. Varios de estos se unen para hacer un diamante. Pero si cambias la organización de los átomos, puedes obtener grafito. Los bloques básicos que los componen son los mismos. Es la información la que los hace diferentes.

En mecánica cuántica, la información es como la energía: no puede desaparecer Entonces, ¿cómo un agujero negro puede hacer posible lo imposible?

Los agujeros negros actúan como compactadores gigantes de basura cósmica. Aplastan estrellas, planetas y astronautas desafortunados que cruzan el horizonte de eventos en un punto microscópico. Entonces, ¿qué pasa con la información de cada partícula que un agujero negro se ha tragado?

Ya que la información no puede ser destruida, debe ser almacenada en algún lugar de ese agujero negro. ¿No es así?, En nuestro conocimiento original de los agujeros negros, asumíamos que todo lo que desaparecía en un agujero negro se quedaba en él. Cuando un objeto atravesaba el horizonte de eventos, se destruía por la densidad del agujero negro. La información de este objeto no podía ser recuperada.

Eso era lo que pensábamos antes de que Stephen Hawking presentara el concepto de la radiación Hawking. Hawking se dio cuenta de que los agujeros negros no son estáticos. Más bien, liberan su masa y energía de vuelta al universo partícula por partícula, hasta que no queda nada. Entonces, ¿esto significa que la información contenida en un agujero negro puede, de alguna manera, escapar con la radiación que emite este agujero?

No tanto así.

El agujero negro no mantiene la información que consume. De manera caótica, la mezcla con otras partes de información, lo que hace imposible recuperarla. Si la información puede perderse, esto significaría que los agujeros negros podrían eventualmente borrar el universo. Para siempre.

Pero hay una posibilidad de que un agujero negro no elimine esta información. Puede que la esconda en un mini-universo, una ramificación oculta de nuestro propio universo. Técnicamente, la información no se perdería, pero no podríamos interactuar con ella.

Otra posibilidad es que los agujeros negros puedan codificar la información, como lo explica el principio holográfico. Si resultaras atrapado dentro de un agujero negro, todavía vivirías en un espacio tridimensional.

Para los que observan desde afuera, parecerías estirado sobre la superficie, como un holograma. Esto significa que la paradoja de la información perdida habría sido resuelta y no necesitaríamos reescribir las leyes de la física. Pero tendríamos que reconstruir nuestra comprensión de la realidad.

El universo podría ser una imagen tridimensional proyectada en una superficie bidimensional. Y tú podrías ser un holograma en la superficie de un agujero negro. Y la mejor parte es que el agujero negro no podría eliminar el universo, después de todo.

¿Qué pasa si caes dentro de un agujero negro?

¿Qué tanto sabes de agujeros negros? ¿Qué pasaría si cayeras en uno de ellos?

Digamos que un día estás explorando el espacio en busca de un nuevo planeta que puedan habitar los humanos.

Pero te encuentras con un agujero negro y te preguntas ¿por qué no lo exploramos?

A pesar de que es "negro" y "un agujero", un hoyo negro no es un espacio oscuro y vacío. En su teoría de la relatividad, Einstein predijo cómo se forman los agujeros negros.

Cuando una estrella masiva muere, deja un núcleo remanente más pequeño. Si la masa del núcleo es al menos tres veces mayor que la masa de nuestro sol, la gravedad sobrepasa todas las demás fuerzas y convierte al núcleo en un agujero negro.

Pero no dejes que el nombre te engañe. Es más bien una gran cantidad de materia concentrada en un pequeño espacio. Piensa en el sol y su fuerza gravitacional 28 veces mayor a la de nuestro planeta. Si pudieras caminar en el sol, serías 28 veces más pesado que en la Tierra. Ahora imagina juntar cuatro soles, es decir, menos de la distancia que puedes recorrer en un viaje de automóvil de 30 minutos. ¿Cómo sería la gravedad en ese lugar?

La gravedad de un agujero negro es tan fuerte que, incluso, la luz no puede escapar de ella. Es por eso que nunca verás un agujero negro. Pero sí lo puedes detectar por las ráfagas de rayos gamma que el agujero emite. Estas ráfagas, descubiertas por Stephen Hawking, Stephen Hawking creía que los agujeros negros son un camino hacia otros universos. Así que, si cayeras en uno, ¿te encontrarías en una dimensión alterna?

Todos los agujeros negros tienen un horizonte de sucesos un punto en el que la atracción gravitatoria es tan fuerte que no puedes escapar de ella. Si te encontraras fuera de este punto, verías que las estrellas están torcidas alrededor de un círculo perfecto de oscuridad. A medida que eres atraído hacia el agujero negro, te moverías cada vez más rápido y de manera acelerada por la fuerza de gravedad.

Querido explorador valiente, esta es la primera mala noticia para ti. La fuerza gravitacional de un agujero negro es muy, muy fuerte.

Si entraras primero con tus pies, tus piernas sentirían una atracción gravitatoria mayor a la de tu cabeza. Tu cuerpo sería completamente estirado. Los agujeros negros más comunes son los "estelares". Pueden extenderse por cerca de 15 kilómetros y ser tan pesados como 20 soles. Si fueras atraído a un agujero negro estelar, serías despedazado incluso antes de alcanzar el horizonte de sucesos.

Así que asegúrate de escoger un agujero supermasivo, el que es un millón de veces más pesado que nuestro sol. En este caso, tu cuerpo saldría ileso mientras cruzas el horizonte de sucesos, pues la gravedad halaría prácticamente con la misma fuerza tus pies y tu cabeza.

Y si te preguntas dónde podrías encontrar uno, bueno, no tienes que ir muy lejos. Hay uno en el centro de nuestra galaxia, la Vía Láctea. Por suerte, está a 265 cuatrillones de kilómetros de distancia y no puede absorber nuestro sol o los planetas. Pero no empaques todavía tu mejor vestido. Cruzar el horizonte de sucesos es solo el comienzo del reto. Hay una singularidad gravitacional en el centro del agujero negro, donde la densidad se vuelve infinita. Serías aplastado en ese centro y te fusionarías con el agujero negro. No podrías contarle a nadie sobre tu experiencia. Sin embargo, una persona que te observe fuera del horizonte de sucesos vería una escena muy diferente.

Mientras estuvieras cayendo en el agujero negro, esa persona vería cómo desciendes cada vez más lento, cómo pierdes luz y te pones más rojo. Al final, solo te congelarías y nunca cruzarías el horizonte de sucesos. Esto ocurre porque el tiempo y el espacio en un agujero negro invierten sus roles. En el horizonte de sucesos, el tiempo se detiene mientras el espacio, por otro lado, avanza.

No podrías dar la vuelta y escapar del agujero negro, más de lo que puedes viajar en el tiempo. Incluso cuando el agujero negro eventualmente muriera, emitiendo todas las partículas que absorbió entre ellas tu cuerpo, sería imposible saber si esas partículas fueran lo que eras tú. Stephen Hawking, sin embargo, encontró una manera en la que la información sobre tu cuerpo no se perdiera.

Él lanzó teorías sobre la existencia de universos alternativos con historias diferentes. Es decir, en una realidad caes en un agujero negro. En una segunda realidad, no hay agujero negro. Desde el exterior de un horizonte de sucesos, es imposible tener certeza de si hay o no un agujero negro. Solo lo sabes hasta que caes allí. Si cruzaste el horizonte de eventos y había un hoyo negro, ¡Sayonara!

Pero si resultaste en una realidad donde el agujero negro no existía, seguirías vivo, solo que en un universo diferente. No habría manera de que volvieras al nuestro. ¿Te atreverías a explorar esta posibilidad? ¿Te atraen los agujeros negros y el universo?

¿Qué pasaría si dos agujeros negros colisionan?

Los agujeros negros son los monstruos gravitacionales del universo. Son tan poderosos que nada, ni siquiera la luz, puede escapar de su alcance. Un agujero negro ya es bastante malo. Pero, si tomaras dos agujeros negros y chocaran entre ellos, podrían cambiar incluso la forma del espacio.

Es claro que no tenemos medios para capturar o controlar agujeros negros aún. Imagina que estás observando uno a través de un telescopio gigante aquí en la Tierra. Y de repente, notas algo extraño. ¿Es otro agujero negro? Parece que sí. Y también parece que están a punto de chocar entre sí. Resulta que, incluso los gigantes gravitacionales como los agujeros negros, ocasionalmente se encuentran en el universo. ¿Estás a punto de ver una explosión de grandes proporciones similar a la de una bomba nuclear?

La realidad puede ser un poco decepcionante, pero, aun así, no querrías que esta bomba galáctica explote cerca de tu planeta. Sigue conmigo pues, para entender cómo colisionan los agujeros negros, necesitas saber un poco más de teoría.

Los agujeros negros vienen en todas las formas y tamaños. Y, por supuesto, la magnitud de la colisión dependería de qué agujeros negros se encontrarán. Los agujeros negros de masa estelar son el tipo más común. Pueden ser de hasta 20 masas solares, pero podrían caer en una esfera con un diámetro mucho menor al de nuestro Sol. Ahora, volvamos a dónde estás observando este espectáculo gravitacional.

Primero, verías los dos agujeros negros cada vez más cerca hasta que empezaran a orbitarse entre ellos. Comenzarían a atraer materia y gas hacia un vórtice. Ponte cómodo porque sus centros podrían tardar miles de millones de años en fusionarse. Pero, a medida que los dos agujeros negros se fusionaran en uno solo, tambalearían un poco hasta quedar como un nuevo agujero negro, solo que más grande. Espero que no estés decepcionado con un resultado como este, con tan pocas explosiones.

Pero, espera, hay algo que aún no he mencionado. La energía sobrante de la colisión sería arrojada de vuelta al universo en forma de ondas gravitacionales. Como lo mencioné antes, la colisión de los agujeros negros puede cambiar la forma del espacio que los rodea. Esto ocurre porque bombardean este espacio con ondas gravitacionales. Albert Einstein predijo la existencia de las ondas gravitacionales hace más de cien años.

Pero los científicos no las observaron hasta 2015, cuando el observatorio de ondas gravitacionales LIGO finalmente las detectó después de ocho años de operación. Lo interesante de estas ondas es que afectan la distancia entre el Sol y la Tierra. Solo la modifican en el diámetro de un átomo de hidrógeno.

Necesitarías muchas colisiones de agujeros negros para realmente ver una diferencia. Estos agujeros negros tienen una masa de al menos cientos de miles de veces la masa de nuestro Sol. Y la cosa es que tal vez ni siquiera lleguen a chocar entre sí. Dos agujeros gigantes supermasivos se acercarían hasta alcanzar un equilibrio gravitacional y se quedarían estáticos en sus respectivas órbitas. Pero suma otro agujero negro supermasivo a la ecuación y los tres podrían alterar la escala gravitacional para, finalmente, colisionar.

No sería una gran explosión cósmica, sino una fusión silenciosa que enviaría poderosas ondas gravitacionales a través del universo. Pese a que los agujeros negros son una fuerza imparable e insaciable de la que nada puede escapar, no debemos temer a una posible colisión. Bueno, solo si esa colisión ocurriera en algún lugar cercano a nuestro sistema solar. Si fuera así, la fusión de los agujeros negros acabaría con todos los planetas próximos, incluida la Tierra.

¿Y si mejor usáramos todo el poder de un agujero negro para obtener energía ilimitada? ¿Podríamos hacerlo?

¿Qué pasaría si la tierra fuera succionada por un agujero negro?

¿Podría un agujero negro acabar con todos algún día? Hay millones de ellos, esperando para hacerlo. ¿Y si creáramos un agujero negro accidentalmente? Bueno, será mejor que te abroches el cinturón de seguridad. ¡Las cosas van a terminar muy muy mal!

A sólo 3.000 años luz de la Tierra, hay un agujero negro observable a simple vista. Afortunadamente, estamos a una distancia segura de este agujero negro estelar y de muchos otros como él. Sabemos de aproximadamente 100 millones de ellos en nuestra galaxia. Son los restos de las supernovas, que ocurren cuando estrellas 10 a 20 veces más grandes que nuestro Sol colapsan en sí mismas.

Los agujeros negros estelares son bastante comunes y tienen unos 16 kilómetros de diámetro. Pero también tenemos a sus competidores más grandes, los agujeros negros supermasivos. Tienen un diámetro aproximadamente del tamaño de nuestro sistema solar y una masa superior a un millón de soles combinados.

Uno de ellos, conocido como Sagitario A*, está justo en el centro de nuestra galaxia. Bueno, técnicamente, un agujero negro del tamaño de un alfiler de un milímetro podría destruirnos si estuviera lo suficientemente cerca de la Tierra, debido a su masa increíblemente densa y a su atracción gravitacional extrema.

Nuestra supervivencia depende de si hemos superado o no el horizonte de eventos. Puedes considerarlo como el punto de no retorno del agujero negro. Cualquier cosa más allá de este punto tendría que viajar más rápido que la luz para escapar. Buena suerte con eso.

Si la Tierra se acercara lo suficiente, el lado más cercano al agujero negro comenzaría a estirarse hacia él. Nuestra atmósfera empezaría a ser aspirada. Luego, pedazos inmensos de nuestro planeta se desgarrarían constantemente. Si la Tierra lograra caer en la órbita del agujero negro, experimentaríamos un calentamiento de marea. La fuerte y desigual atracción gravitatoria sobre la Tierra deformaría progresivamente al planeta. Esto generaría una enorme fricción interna, lo que calentaría el núcleo de la Tierra a niveles catastróficos. Probablemente desencadenaría terremotos, erupciones y tsunamis mortales. La trifecta de la perdición. Con el tiempo, la Tierra comenzaría a estirarse en un proceso conocido como "espaguetizacion", Y no hablamos de la pasta que comes con queso y salsa de tomate.

Digamos que eres un superhéroe y decidiste luchar de cabeza contra el agujero negro. Bueno, tus brazos estarían más cerca que tus pies, haciendo que tu cuerpo se estirara verticalmente y se comprimiera cada vez más. Solo esperemos que tu superpoder sea la elasticidad.

Para un agujero negro estelar de tamaño promedio, la "espaguetización" puede ocurrir a varios cientos de kilómetros del horizonte de eventos. Pero, para un agujero negro supermasivo, los físicos creen que esto ocurriría dentro del horizonte de eventos debido a su tamaño. Eventualmente, sin importar su tamaño, cualquier cosa que entrara en un agujero negro terminaría como un hilo de átomos individuales. Esto le pasaría a cualquier cosa que lo cruce. Gente, planetas, estrellas, lo que sea.

Infortunadamente, todo nuestro sistema solar estaría condenado. El frágil equilibrio del Sol y nuestros planetas ya no existiría, lo que podría hacer que chocaran entre sí. Y, como estocada final, nuestro cinturón de asteroides sería succionado y vendría hacia nosotros.

Alrededor de 200 de los 552.894 asteroides que conocemos tienen más de 100 kilómetros de ancho. Así que, si uno nos golpeara, estaríamos muertos antes de convertirnos en espagueti. Francamente, no estoy seguro de qué sería peor. Toda la materia en nuestro sistema solar se uniría al disco de acrecimiento alrededor del agujero negro. A medida que la materia es succionada por el agujero negro, genera enormes cantidades de radiación. Así que, incluso si sobreviviéramos de alguna manera a la caída de los asteroides, probablemente moriríamos por la radiación.

Lo creas o no, los astrónomos han descubierto planetas circumbinarios que orbitan dos estrellas. Si bien esta puede ser una posibilidad con un agujero negro y nuestro Sol, las fuerzas de marea extremas muy probablemente harían a nuestro planeta inhabitable. Y, aún peor, podríamos ser expulsados de órbita o ser tragados por el Sol o por el agujero negro. Lo siento, pero no hay resultado en el que salgamos victoriosos. Pero, aunque es una posibilidad lejana, podríamos encontrar una manera de protegernos en algún transbordador espacial súper reforzado. Si de alguna manera atravesáramos el horizonte de eventos, podríamos terminar en una situación aún más extraña. La física, como la conocemos, cambiaría. Fenómenos como la gravedad, la velocidad de la luz, e incluso la unión y reacción de los átomos, podrían ser completamente diferentes. La verdad es que no sabemos qué pasaría. No podemos obtener información alguna de un agujero negro. ¿Nos llevaría a otra dimensión? ¿Terminaríamos en un universo paralelo?

¿Qué pasaría si el sistema solar orbita un agujero negro?

¿Qué pasaría si nuestro planeta se acercara demasiado a un agujero negro?

Bueno, según la ciencia ficción, seríamos absorbidos y llevados a un universo paralelo, o incluso hacia el futuro.

Pero en realidad, no sería tan divertido. Nuestro planeta sería desintegrado, pedazo a pedazo, comenzando con nuestra atmósfera.

¿Y si nos movemos un poco más hacia atrás?

En lugar de que el agujero negro esté justo a nuestro lado, ¿qué tal si lo trasladáramos al centro de nuestro sistema solar?

Supongamos un agujero negro que tiene la misma masa de nuestro Sol. Si los pusiéramos juntos, los dos objetos orbitarían entre sí a una distancia cercana, aproximadamente un décimo de la distancia entre la Tierra y el Sol. Esto significa que nuestro sistema solar estaría orbitando un punto local con el doble de la masa del Sol. En consecuencia, los planetas tendrían que orbitar más rápido para evitar ser arrastrados hacia el interior. Un año en la Tierra disminuiría de 365 días a 258, y la cantidad de energía del Sol variaría a medida que orbitara más cerca y más lejos de la Tierra.

Aparte de eso, la vida sería muy similar. Pero, ¿qué pasaría si sustituyéramos nuestro Sol por un agujero negro?

Bueno, tendríamos mucho más de qué preocuparnos que sólo la duración de un año, lo que, por cierto, terminaría en un abrir y cerrar de ojos. El mayor problema al que nos enfrentaríamos, si sustituyéramos el Sol por un agujero negro, sería la ausencia de energía solar. El planeta Tierra se oscurecería por completo. Gracias al infame efecto invernadero de nuestro planeta, la temperatura global no se reduciría instantáneamente.

Pero después de la primera semana, la temperatura media de la superficie de la Tierra caería a 0 °C, y luego a -101 °C al final del primer año.

Podrías pensar que la conversión de nuestro planeta en un mundo de hielo sería algo bastante malo, pero apenas estamos comenzando. Sin la luz solar, no habría fotosíntesis, el proceso por el cual todas las plantas generan alimentos. Las plantas pequeñas morirían en cuestión de días. Esto crearía un efecto dominó a lo largo de toda la cadena alimentaria, haciendo que todos muramos de hambre con el tiempo.

Pero, tal vez, haya una manera de obtener energía utilizable de un agujero negro. Y todo comienza con algo llamado CMB, por sus siglas en inglés.

CMB, conocido en español como radiación de fondo de microondas, es la débil radiación que quedó tras el Big Bang. Teóricamente, si un agujero negro gira lo suficientemente rápido, puede comprimir la radiación CMB en longitudes de onda ópticas, las mismas que emite el Sol.

Las longitudes de onda se canalizarían en un haz estrecho, y antes de que te des cuenta ¡nuestro planeta tendría energía utilizable una vez más!

Pero hay un truco. La rotación más rápida del agujero negro también acercaría las órbitas planetarias a un punto de no escape. Para que las órbitas planetarias permanezcan estables y eviten ser absorbidas, la velocidad orbital de los planetas tendría que estar cerca de la velocidad de la luz. Esto significa que un año en la Tierra terminaría en un abrir y cerrar de ojos. Una fiesta de año nuevo muy corta, ¿no?

Pero no hay tiempo para preocuparse, pues tenemos problemas más grandes. Si objetos como meteoros, satélites o basura espacial, son absorbidos por el agujero negro, el resultado será una ráfaga de radiación que se dirigiría hacia nosotros. Y cuando la radiación llegue a nuestro planeta, arrasará con nuestra atmósfera, acabando así cualquier cosa en su camino.

Aunque el Sol puede ser molesto a veces, cuando hablamos de objetos a orbitar, siempre podría haber una peor opción. La próxima vez que mires el cielo soleado, valóralo, pues algún día desaparecerá.

¿Qué pasaría si enviáramos nuestra basura al sol?

Bienvenido a tu nuevo vertedero: una bola gigante de gas ardiente que llamamos Sol. Con temperaturas superficiales de 5500°C, podría destruir cualquier tipo de basura que arrojáramos, desde plásticos resistentes hasta desechos nucleares. Con todas las cosas que lanzamos al espacio hoy en día, seguramente no sería muy difícil enviar algo de basura a nuestro Sol. ¿por qué sería más fácil enviar un cohete fuera de nuestro sistema solar que llevar algo al Sol?
Nuestro planeta se está llenando de basura. Si seguimos al ritmo que llevamos, para 2050, estaremos lidiando con 12 000 millones de toneladas de plástico en rellenos sanitarios. Eso es 35.000 veces el peso del Empire State.
Claro, sería bueno solo ponerla en cohetes gigantes y explotarlos, pero habría graves riesgos en esa tarea. Por ejemplo: ¿qué podría pasar si hay un accidente mientras el cohete aún está en la atmósfera terrestre y toda la basura y los desechos nucleares caen de vuelta hacia nosotros?
El Sol está a cerca de 150 millones de kilómetros de la Tierra, así que llevar la basura hasta allí sería extremadamente costoso. Para ponerlo en perspectiva, Ariane 5, un moderno cohete europeo, tiene una capacidad de carga de 7.000 kilogramos y cuesta aproximadamente US$200 millones ponerlo en órbita. Así que para sacar toda la basura del planeta con destino al Sol, se necesitarían de estos cohetes para extraer los desechos de un solo año.

El monto final alcanzaría los US$33 billones. Y estamos hablando solo del costo de poner los cohetes en órbita, alrededor de la Tierra.

Si queremos sacarlos de esta órbita para llevarlos al Sol, requeriríamos diez veces más combustible. Bueno, ya entendimos. Costaría mucho y ese es solo el primero de nuestros problemas. La Tierra se mueve alrededor del Sol a 30 km/s en una dirección que, básicamente, es siempre de costado, en relación con el Sol.

Si fueras a lanzar un cohete desde la Tierra, directo al Sol, no perdería esa velocidad de costado y, por lo tanto, el cohete no llegaría a su objetivo. La única manera en la que podríamos llevar ese cohete directamente al Sol sería si lográramos anular ese movimiento de costado, al ralentizar el cohete en 30 km/s. ¿Qué tan difícil sería?

Bueno, solo piénsalo, si pudiéramos acelerar el cohete en 12km/s, tendría suficiente impulso para salir de nuestro sistema solar. En palabras simples, Llegar al Sol conlleva tres veces más esfuerzo. En aras de la eficiencia y el ahorro de combustible, es mejor salir del sistema solar, donde la velocidad del cohete será menor. Luego, podríamos usar un elevador de potencia para impulsar los motores lo suficiente, para que así el cohete y su carga de desechos cayeran en el Sol. Incluso si pudiéramos encontrar una manera de hacerlo y llevar así nuestro cohete con basura directamente al Sol, probablemente no valdría la pena, por todos los riesgos que implica. Pero, ¿de qué riesgos hablamos?

Bueno, digamos que logramos cargar nuestro primer cohete con desechos nucleares. Justo antes del despegue, explota en la plataforma de lanzamiento. Ahora tenemos un divertido accidente nuclear con el que lidiar.

Pero bueno, en otro escenario tenemos suerte y el lanzamiento es exitoso. Sin embargo, explota una vez está en órbita. El mejor escenario aquí es que solo estamos añadiendo una tonelada de desperdicios al ya grave problema de basura espacial alrededor de la Tierra. El peor escenario es que nuestro cohete, que acaba de explotar con miles de toneladas de basura y combustible nuclear, viene en camino a la Tierra.

De cualquier manera, algo muy malo va a pasar y toda esta compleja operación no parece valer la pena. ¿Y si en vez de buscar opciones fuera de nuestro planeta solo dejamos de producir tantos desperdicios?

O simplemente podríamos decir ¿a quién le importa? Y mejor ver qué podría suceder al desechar la basura en volcanes.

¿Qué pasaría si una tormenta solar impactara la tierra?

Los destellos de las explosiones en la superficie del sol se ven espectaculares, pero pueden ser peligrosos para nosotros en la Tierra. Si una de estas explosiones nos impactara con suficiente fuerza, llevaría a todo nuestro planeta a la oscuridad.

No serían las explosiones solares las que nos llevaran a una era "pretecnológica". Serían las gigantes nubes de plasma caliente y la radiación electromagnética que el sol expulsa. Este fenómeno se conoce como eyección de masa coronal o EMC. En 2012, una EMC llegó hasta la órbita terrestre. Por suerte, no tuvo un impacto directo.

No tuvimos la misma suerte en 1859, cuando la radiación electromagnética de otra EMC incendió las torres de los telégrafos. Los telégrafos. Sí, Era toda la tecnología que teníamos en ese momento.

¿Pero ahora? Todo nuestro planeta depende de la electricidad y los dispositivos electrónicos. Si una tormenta solar así de fuerte nos impactara, enfrentaríamos una situación más difícil. Comenzaría con una enorme explosión en la superficie solar. Luego, la fulguración solar golpearía la atmósfera superior de la tierra con un gigante impulso electromagnético. Esto bloquearía las señales de radio entre la Tierra y nuestros satélites, pero no los dañaría, al menos no por el momento. No sería hasta unos minutos u horas después, cuando una oleada de partículas cargadas bombardee la magnetósfera de la Tierra.

Estas partículas golpearían algunos de los satélites y dañarían sus partes electrónicas. Nuestros sistemas de comunicación comenzarían a fallar. Pero lo peor está por venir. Entre 12 horas y varios días después, una nube de plasma finalmente llegaría a la tierra.

Primero impactaría el satélite ACE de la NASA, diseñado para avisarnos de una tormenta inminente. Incluso con esta advertencia, tendríamos solo alrededor de 30 minutos antes de que la nube espacial atravesara nuestra magnetósfera y generara una tormenta geomagnética aquí en la Tierra.

Esperemos que no vayas en un avión en ese momento, pues su sistema de GPS fallaría y el piloto tendría que navegar sin él. En tierra, la tormenta geomagnética comenzaría a derretir los transformadores de energía. ¿Sabes qué significa eso?

Algo no muy divertido para los humanos, que dependemos de la energía eléctrica. Todo se apagaría. No podrías cargar tu móvil o tu computadora. Tu nevera no enfriaría más y tu calefacción no haría más su trabajo. Asegúrate de tener algo de efectivo porque los cajeros automáticos quedarían inservibles, así como tus tarjetas de crédito.

Lo más seguro es que ni puedas bajar el agua del inodoro, ya que el suministro de agua en la mayoría de ciudades modernas es controlado de manera electrónica. Cualquier cosa que dependa de la internet no serviría. No habría servicios bancarios, ni acceso a la red en el servicio de transporte, ni redes sociales para expresar tu frustración. No podemos controlar el clima espacial. Si el sol nos enviara un golpe directo, este escenario hipotético sería real. O casi real.
La NASA y el Centro de Predicción del Tiempo en el Espacio monitorean la actividad de nuestro sol. Sus pronósticos de tres días nos darían un indicio de algo sospechoso en nuestra estrella. Podríamos tener tiempo de desconectar nuestros transformadores y encender el modo seguro de los satélites. Tal vez algún día logremos construir un escudo sobre la Tierra que evitaría que algo similar nos afectara.

¿Qué pasaría si nuestro sol se convierte en una Estrella de Neutrones?

Las estrellas con una masa mucho mayor a la de nuestro sol mueren luego de algunos millones de años, en una explosión gigantesca conocida como Supernova.
A la velocidad de la luz, millones de toneladas de plasma, neutrinos y mucha luz son expulsados en esta detonación. Pero, hay un remanente.
Una estrella de neutrones es una de las cosas más extrañas en nuestro universo. Sus dimensiones son algo fuera de lo común. Pero, bueno, aquí les explicamos. Esta estrella tiene un diámetro de solo 20 kilómetros. Es más pequeña que la mayoría de ciudades. Bueno, no es solo eso. La densidad de esta estrella relativamente pequeña también es extraña. Un centímetro cúbico de una estrella de neutrones pesa 400 millones de toneladas. Pero, ¿qué significa esto?

Para ponerlo en perspectiva, imagina que cada automóvil en Estados Unidos es compactado en un cubo de azúcar. Ahora imagina a millones de estos cubos juntos. Eso es una estrella de neutrones.

Con dimensiones como estas, habría consecuencias significativas si nuestro sol fuera de repente reemplazado por una de estas estrellas. Bueno, ¡pongámonos serios!

Nuestro sol nunca sería una estrella de neutrones. ¿Por qué? Porque las estrellas de neutrones nacen de soles que tienen 10 a 20 veces el tamaño del nuestro.

En 5 mil millones de años, nuestro sol se convertiría en una gigante roja y, eventualmente, en una fría enana blanca, similar a una estrella de neutrones, pero mucho más grande y más densa. Ahora, olvidemos todo esto.

Que una estrella de neutrones reemplace a nuestro sol sería, a lo menos, algo muy peligroso.

La fuerza gravitacional de una estrella de neutrones sería 2 mil millones de veces más fuerte que la de la Tierra. Esto significa que, rápidamente, todos los planetas de nuestro sistema solar serían atraídos hacia la estrella y, eventualmente, acabarían destruidos. Y no solo eso. Una estrella de neutrones rota increíblemente rápido. Mientras nuestro sol rota una vez cada 27 días, una estrella de neutrones lo hace 700 veces por segundo.

Esto significa que la estrella estaría girando en el espacio a un quinto de la velocidad de la luz. Miles de años después, muchas estrellas de neutrones comienzan a ralentizarse y a apagarse. Pero esto no siempre sucede. A veces, una estrella de neutrones se encuentra con otra estrella. La estrella de neutrones comenzará entonces a orbitarla como un sol y empezará a alimentar su atmósfera hasta que colapsen y se vuelvan un agujero negro. Si estás en otra galaxia en ese momento, verías a la estrella de neutrones como una luz parpadeante, algo conocido como púlsar.

Descubierto en 1967 por la astrofísica Jocelyn Bell, los púlsares son causados por el campo magnético de una estrella de neutrones. No es una sorpresa que sean tan intensos. Bueno, esperemos que esta estrella de neutrones no sea un magnetar. Pero, ¿qué es un magnetar?

Es un tipo de estrella de neutrones más fuerte y más extraña. El campo magnético de una estrella de neutrones puede ser increíblemente fuerte, pero el campo magnético de un magnetar es 1.000 veces más poderoso. Así es. No es broma.

Son ridículas estas cifras. La corteza de esta estrella está sometida a una presión increíble. Si se moviera, crearía un terremoto estelar. Sí, puede ser una expresión súper cool, pero no te dejes engañar. Es algo realmente aterrador.

La corteza de la estrella se desintegraría en una gran explosión, lo que causaría una reacción de su campo magnético.

¿Qué pasaría si Júpiter se convirtiera en una estrella?

¿Qué pasaría si Júpiter hubiera aumentado un poco más su masa durante su periodo de formación y luego hubiera explotado para convertirse en una estrella?

Júpiter tiene más del doble de la masa de todos los planetas del sistema solar juntos. No tiene un terreno sólido y está hecho de los mismos elementos del sol.

Aun así, no es una estrella. Júpiter no tiene la masa suficiente para iniciar una reacción de fusión en su núcleo, un elemento necesario para ser aceptado en el club de las estrellas. Si solo pudiéramos hallar 79 Júpiteres más para que chocaran con el Júpiter que tenemos ahora, podríamos entonces crear una segunda estrella en el sistema solar.

Pero, ¿cómo sería? El colapso de estos 80 Júpiteres generaría una estrella, pero no sería nada parecido al sol. Júpiter tendría la masa suficiente para convertirse en una enana roja, una pequeña y fría estrella con energía producida por hidrógeno.

Y como todas las enanas rojas, no sería muy brillante. Este nuevo Júpiter solo podría producir un 0.3% de la luminosidad de nuestro sol. Ya que Júpiter está cuatro veces más lejos de la Tierra que el sol, nuestro planeta no recibiría mucho calor de esta estrella. Es casi un hecho que si Júpiter se convirtiera en una enana roja, nada cambiaría en la Tierra. Pero sí podrías verla desde tu casa.

Este Júpiter-estrella se vería rojo y más brillante que la luna llena. ¿Piensas que tendría un impacto gravitacional en el sistema solar?

Bueno, no tanto como crees. El antiguo gigante gaseoso solo modificaría un poco las órbitas de los planetas, pero no lo suficiente para que colisionen entre ellos o que se pierdan en el espacio. La única amenaza que enfrentaríamos serían las rocas del cinturón de asteroides que Júpiter podría enviar a la Tierra. Necesitaríamos aprender a detectarlas y destruirlas antes de que lleguen a nuestro planeta. Fuera de eso, no mucho cambiaría en el sistema solar. Pero las cosas se pondrían muy interesantes si Júpiter se convirtiera en una estrella similar al sol. Si tuviera 1.000 veces más masa, el sistema solar cambiaría radicalmente.

Los asteroides chocarían con los planetas y estos cambiarían sus órbitas. Es difícil predecir qué pasaría con la Tierra en este caos gravitacional. Desde ser atraída a esta súper estrella y terminar rostizada, hasta ser llevada al vacío del espacio.

De cualquier manera, sería catastrófico. En el mundo real, Júpiter está destinado a ser un planeta por siempre. Y así es mejor. Tal vez, algún día podamos enviar una nave tripulada que llegue hasta este gran planeta gaseoso y lo pueda observar de cerca.

¿Qué pasaría si la tierra girara al revés?

Desde su formación, la Tierra ha venido rotando de occidente a oriente sobre su eje. Si un día nuestro planeta comenzara a moverse en la dirección opuesta, no sería más la Tierra que conocemos.

No te das cuenta, pero la Tierra gira muy rápido, a 460 metros por segundo, si se mide la velocidad en el Ecuador. Un cambio repentino en la dirección de giro causaría vientos destructivos y olas gigantes. Estas condiciones climáticas anormales acabarían con casi todo lo que exista en tierra. Pero, obviemos esta destructiva transición. Imagina que nuestro planeta cambió su dirección de giro hace miles de millones de años. Verías a la Luna y al Sol salir por el occidente y caer en el oriente. Y no te cabría en la cabeza el hecho de que el Sahara fuera un desierto. ¿Qué tan diferente sería entonces nuestro planeta?

¿Respuesta corta?
El giro inverso haría a la Tierra mucho más verde.
¿Respuesta larga?
Esta nueva rotación modificaría los vientos y las corrientes oceánicas. Esto cambiaría completamente el clima del planeta. Los océanos controlan el clima global, al distribuir el calor del Sol alrededor de la Tierra. Desvían la humedad de las cálidas y secas tierras baldías, y llevan lluvias a las selvas. Si la Tierra cambiara su rotación, una corriente muy influyente en el clima desaparecería del Océano Atlántico.

Al tiempo, una corriente diferente surgiría en el Pacífico y se volvería la encargada de distribuir el calor alrededor del planeta.

Esta nueva corriente haría que los desiertos de África y Eurasia dejaran de existir. Tendrías que ir al otro lado del planeta para hacer esos populares paseos en cuatro ruedas en las dunas.

Más específicamente, a Brasil. Estados Unidos también sería muy árido en el sur. Pero ninguna de estas tierras estériles sería tan seca como lo es actualmente el desierto del Sahara.

Habría mucha más vegetación en el planeta. Y sí, eso significaría más oxígeno para todos. Pero quienes viven en Europa Occidental estarían conmocionados. La corriente del Pacífico enviaría mucha agua fría en esa dirección, lo que generaría inviernos gélidos en la región. Rusia, por otro lado, sería más cálida y ya no tendría el título del país más frío del mundo. La vida en una tierra con rotación invertida también sería diferente.

En los océanos, las cianobacterias dominarían a otras especies de fitoplancton. Hace miles de millones de años, las cianobacterias productoras de oxígeno inventaron la fotosíntesis y transformaron la atmósfera de nuestro planeta. Tal vez el hecho de tener más cianobacterias en la Tierra alteraría aún más nuestra atmósfera y haría que tuviera tanto oxígeno que, incluso, podríamos no existir.

Mejor dejemos que nuestro planeta gire de la manera en que lo hace.

¿Qué pasaría si viajaras mil millones de años en el futuro?

¿Cómo se vería la Tierra? ¿Estaría cubierta la mayor parte de su superficie por volcanes? ¿O estaría congelada por el hielo?

Y si viajaras aún más lejos, ¿Se habrían evaporado todos los océanos? ¿O se habría convertido en un gigantesco mundo acuático?

Ahora, ¿Quedaría algún ser humano vivo? ¿O habrían poblado otro lugar de la galaxia?

Seamos realistas, las posibilidades de que algún ser humano te salude cuando llegues mil millones de años en el futuro, son bastante escasas. La raza humana enfrenta varias amenazas a su supervivencia y si queremos estar aquí dentro de mil millones de años, tendremos que sobrellevarlas todas.

Hemos sido testigos de cuánto hemos luchado para unirnos a la hora de sobrevivir a una simple pandemia global. Entonces, ¿tenemos alguna posibilidad de superar las amenazas del cambio climático, la sobrepoblación, la guerra nuclear, los asteroides y cometas asesinos, las eras de hielo y un Sol cada vez más caliente?

Bueno, echemos un vistazo al futuro y averigüémoslo.

Nos encontraremos con un gran problema llamado "Error del Deca Milenio". En el año 10.000 d.C., el software que codifica el año calendario no codificará fechas con más de cuatro decimales. ¿Recuerdas el efecto Y2K?

Sí, algo similar. Excepto que, con suerte, esta vez no entraríamos en un pánico semejante. Viendo el lado positivo, en 10.000 años, las diferencias genéticas y los rasgos entre los humanos ya no serían locales. Rasgos como el color de la piel y el cabello se distribuirían uniformemente por todo el mundo. Quizás eso nos ayude a llevarnos bien, de una vez por todas.

Ninguno de los idiomas actuales sería reconocible. Los idiomas del futuro sólo contendrían un 1% de las palabras del vocabulario básico de sus equivalentes actuales. un nuevo período glacial llegará a la Tierra, lo que daría inicio a una nueva era de hielo.

Las cataratas del Niágara se habrían erosionado completamente en el lago Erie. Y, curiosamente, para ese momento un día completo en la Tierra también aumentaría en un segundo.

Vaya, mucho más tiempo para las actividades. El volcán Lō-ihi se elevaría sobre el océano para formar una nueva isla en Hawái.

Es probable que un asteroide con un diámetro superior a un kilómetro golpee la Tierra, a menos que pudiéramos evitarlo. El cráter resultante tendría no menos de 400 kilómetros de diámetro. Provocaría incendios en todo el planeta y haría que el aire fuera irrespirable.

Bueno, algo que esperaremos con ansias. Y en caso de que eso no sea suficiente, es probable que tuviéramos otra erupción de un supervolcán lo suficientemente grande como para arrojar 3.200 kilómetros cúbicos de ceniza por los aires. Este produciría suficiente lava para llenar el 75% del Gran Cañón. Esto sería similar a la erupción del Toba que casi acabó con la humanidad hace 70.000 años.

Y la estrella cercana Betelgeuse habría explotado como una supernova para aquel entonces, haciéndose visible desde la Tierra incluso durante el día. La humanidad tendría asentamientos en todo el sistema solar.

Esto también significa que si las poblaciones en diferentes planetas se hubieran mantenido separadas, los humanos podrían haber evolucionado hacia otras especies adaptadas a su entorno específico. Una gran parte de África Oriental se rompería, formando una nueva cuenca oceánica.

En 50 millones de años, África chocaría con Eurasia, sellando el Mar Mediterráneo, y se formaría una nueva cadena montañosa entre las dos masas de tierra. Esta podría incluir una montaña más alta que el monte Everest.

En el espacio, Marte chocaría con su luna, lo que haría que desarrollara un sistema de anillos como el de Saturno. las Montañas Rocosas canadienses y estadounidenses se habrían erosionado por completo. Todas las islas hawaianas estarían bajo el agua. Un asteroide similar al que mató a los dinosaurios hace 66 millones de años probablemente golpearía la Tierra. Uno de 10 kilómetros de ancho.

Todos los continentes de la Tierra se fusionarían como Pangea. Excepto que esta vez, se llamaría Pangea Última. Pero no te confíes demasiado, porque entre 400 y 500 millones de años, Pangea Última se separaría nuevamente. Es probable que ocurra un estallido de rayos gamma a 6.500 años luz de la Tierra.

Si golpeara el planeta, podría dañar la capa de ozono y desencadenar una extinción en masa. La Luna estaría tan lejos de la tierra que los eclipses solares totales ya no serían viables. La creciente luminosidad del Sol habría elevado tanto las temperaturas en la Tierra que podría detener el movimiento de las placas tectónicas. Los niveles de dióxido de carbono se reducirían drásticamente y la fotosíntesis ya no sería posible.

El oxígeno y el ozono desaparecerían de la atmósfera y toda forma de vida compleja en la Tierra, moriría. Y finalmente, la luminosidad del Sol habría aumentado en un 10% y la temperatura promedio en la Tierra sería de 47°C.

Nuestra atmósfera se sentiría como un invernadero húmedo. Y nuestros océanos se evaporarían, dejando sólo charcos de agua en cada uno de los polos.

Cuando llegues aquí en tu máquina del tiempo, prepárate mentalmente para contemplar un planeta Tierra que no se parece en nada al que recuerdas. La raza humana ya no estará aquí. Quizás estará pasando su mejor momento en algún otro planeta lejano. Debido al intenso calor, la falta de agua y la falta de aire respirable, la Tierra sería inhabitable.

Así que probablemente no deberías quedarte allí demasiado tiempo. En cambio, tal vez deberías salir a ver el resto del sistema solar. Quizás te encuentres con algún otro humano por ahí o con otra forma de vida inteligente.

¿Qué pasaría si destinamos la mitad del planeta a la vida silvestre?

Hace 65 millones de años, ocurrió una extinción masiva, que acabó con más del 75% de todas las especies de la Tierra. Sólo ha habido cinco eventos de extinción masiva en los 4.500 millones de años de historia de nuestro planeta. Y el siguiente ya ha comenzado.
Para finales de este siglo, una de cada seis especies de la Tierra podría haber desaparecido.
La razón por la que todavía estamos vivos en este planeta es gracias a la biodiversidad. Desde los árboles más altos, pasando por los animales más grandes, las plantas más extrañas, los hongos más asquerosos, los insectos más ruidosos e incluso las criaturas que no puedes ver, todos dependemos de los demás para hacer posible la vida en la Tierra. Y nuestro mundo sería armónico excepto que... los humanos somos poco fiables.
Por culpa de nuestras prácticas insostenibles, la vida silvestre del mundo avanza lentamente hacia una tasa de extinción que es 10.000 veces más rápida de lo que se considera natural.
Si no tomamos medidas drásticas, podríamos enfrentarnos a nuestra propia extinción. Pero, ¿hasta dónde estamos dispuestos a llegar?

Al autor y biólogo ganador del Premio Pulitzer, Edward O. Wilson se le ocurrió lo que ahora se conoce como el "Plan de la Media Tierra". Esta idea implica convertir la mitad del planeta en una zona "libre de humanos", dejando que la naturaleza haga lo que pueda para estabilizarse a sí misma.

Esto significa que la población mundial actual de aproximadamente 7.700 millones de personas tendría que arreglárselas con la mitad del espacio del que dispone actualmente. Y para mucha gente, eso simplemente no es factible.

Acordonar la mitad del mundo y reservarlo para la conservación extrema de la vida silvestre desplazaría aproximadamente a mil millones de personas, la mayoría de ellas de bajos recursos. Piensa en aquellas partes del mundo donde la sobrepoblación es severa y luego imagina esa situación en todas partes.

Pero la vivienda no es nuestra única preocupación. También necesitaríamos comida y agua fresca para sobrevivir.

Actualmente, un tercio de la superficie terrestre y el 75% de sus recursos de agua dulce se utilizan para la producción agrícola y ganadera. Sin embargo, al menos el 10% de la población de la Tierra no tiene suficiente comida.

¿Cuántas personas más pasarán hambre cuando ya no tengamos acceso a esos recursos?

Hablando en términos económicos, las industrias forestales y de los combustibles podrían colapsar porque habría menos tierra para trabajar. Esto dejaría a millones de personas sin empleo. Pero las pérdidas podrían recuperarse en forma de nuevas oportunidades en campos más sostenibles.

De hecho, reservar la mitad del planeta para la protección del medio ambiente no representaría un descalabro financiero total, 577.000 millones de dólares en cultivos globales al año están actualmente en riesgo debido a la pérdida de polinizadores, mientras que alrededor del 40% de la economía global en su conjunto depende de los recursos biológicos.

Si continuamos por el camino en el que estamos, corremos el riesgo de agotar la población de abejas en su totalidad, así como los demás recursos biológicos de los que dependemos. Pero al protegerlos, los animales y plantas podrían tener la oportunidad de recuperarse, de modo que podamos seguir beneficiándonos de su producción de una manera sostenible.

Claro, esto no se trata sólo de dinero. El hecho es que cuanto más biodiverso es un ecosistema, más saludable es. Y un ecosistema saludable puede limpiar el agua, ayudar a purificar el aire que respiramos, regular el clima, mantener el suelo apto para el cultivo de alimentos, y reciclar nutrientes en el proceso.

En resumen, no podemos permitirnos seguir viviendo de una manera que acarree la extinción de otras especies. Porque las necesitamos tanto como ellas nos necesitan a nosotros. La idea de la Media Tierra podría ser demasiado exagerada.

De hecho, es prácticamente imposible de implementar. Pero las consecuencias de limitarnos a hacer lo mínimo serían aún peores. Tenemos que correr la voz y recordarnos unos a otros que estamos todos juntos en esto, sin importar cuán grandes o pequeños seamos. Porque cada vez que una especie se extingue, nos acerca como humanos a nuestra propia extinción. ¿No me crees?

¿Qué pasaría si el Sol desapareciera?

El Sol es la única estrella en nuestro sistema solar y da vida a todas las cosas en la Tierra.
La verdad es que ni siquiera lo notaríamos en los primeros ocho minutos y medio. Esto es lo que demora la luz solar en viajar hasta nuestro planeta. Así que, si incluso el Sol desapareciera, a su último rayo de luz le tomaría 510 segundos llegar hasta tu piel. ¿Y la gravedad?
El Sol es la fuerza gravitacional dominante en nuestro sistema solar. Hay ocho planetas que lo orbitan. Entonces, si el Sol desapareciera, ¿saldríamos disparados hacia el espacio? Así es.
Pero no inmediatamente. La fuerza de gravedad también tiene una velocidad. En su teoría de la relatividad, Einstein demostró que la gravedad es tan rápida como la luz y no es instantánea, como se pensaba anteriormente. Esto significa que la Tierra seguiría orbitando la recién desaparecida estrella, ignorando la oscuridad que estaría por llegar. Pero solo lo haría por ocho minutos y medio.
Cuando el último rayo del Sol alcance la Tierra, las noches eternas no serían nuestro único problema. En el mismo instante en el que desapareciera el Sol del cielo, la Tierra comenzaría a viajar por el espacio a una velocidad de 29 kilómetros por segundo. Si asumimos que no choca con otros planetas o asteroides, o termina succionada por un agujero negro, se movería en línea recta por 43.000 años antes de que encontrara otra estrella que pudiera orbitar. Pero esta no sería la mayor preocupación.
En menos de dos segundos, la Luna se oscurecería, pues no habría luz solar que reflejar. Pero las estrellas seguirían brillando y la electricidad, funcionando... ...a menos que no provenga de paneles solares.

Pero la gravedad y la iluminación no son las únicas cosas que dependen del Sol. Las plantas lo necesitan para la fotosíntesis. La vegetación se mantiene viva al convertir la luz en energía. Sin luz solar, la mayoría de plantas morirían en cuestión de días. Las más grandes, como los árboles, sobrevivirían por algunas décadas, debido a su lento metabolismo. Esto sería un gran golpe para la base de la cadena alimenticia.

La mayoría de animales también morirían progresivamente. Solo los carroñeros, que se alimentan de los cadáveres, sobrevivirían hasta que mueran por congelamiento.

En menos de una semana, la temperatura promedio en la Tierra caería a cero grados. Al final del primer año descendería a los -100°C y seguiría bajando hasta estabilizarse en -240°C Los océanos se enfriarían aún más, pero solo en la superficie. Gracias a los respiraderos geotermales, las aguas seguirían siendo líquidas a cierta profundidad, a pesar de estar bajo una gruesa capa de hielo.

Así que, si eres lo suficientemente afortunado y sobrevives, deberás considerar la opción de mudarte al fondo del océano. Al final, los organismos que habitan cerca de estos respiraderos subacuáticos serán los únicos seres vivientes que no notarán la diferencia.

No necesitan de la luz solar para vivir y podrán continuar creciendo por miles de millones de años, hasta que el planeta termine como un pedazo de roca congelada que deambula en el espacio.

¿Qué pasaría si tuviéramos dos soles?

En otros planetas, hay atardeceres aún más espectaculares que los de la Tierra. ¿Y si pudiéramos ver no solo uno, sino dos soles que se ocultan en el horizonte?

No todos los sistemas estelares se forman alrededor de una sola estrella. Algunos científicos incluso sugieren que nuestro Sol tuvo alguna vez una estrella como compañera. Hablamos de una enana perdida llamada Némesis. Se liberó de la gravedad del Sol y desapareció en la Vía Láctea hace miles de millones de años.

Nuestra búsqueda de planetas en la galaxia con el mismo tamaño de la Tierra nos mostró que, no solo son binarios la mayoría de los sistemas estelares, sino que tienen zonas y planetas habitables. Parece que la Tierra podría preservar la vida con dos soles en lugar de uno, pero solo bajo ciertas condiciones. En un sistema estelar binario, el destino de la Tierra dependería de muchos factores, desde la masa de las estrellas hasta su posición en relación con la Tierra y entre ellas mismas.

Hay grandes posibilidades de que la órbita de la Tierra fuera muy inestable. Si uno de los soles fuera más grande y brillante, y tuviera un impacto gravitacional mucho mayor en nosotros, este sol podría atraer al planeta hacia él. Nos rostizaríamos antes de desaparecer en medio de las erupciones solares. Por otro lado, si la fuerza gravitacional de ninguna de las dos estrellas fuera lo suficientemente intensa, la Tierra saldría volando hacia el espacio. Nos convertiríamos en uno de esos planetas interestelares que viajan por el universo sin un sistema al que puedan llamar "hogar".

Supongamos que la órbita de la Tierra fuera estable. Esto sería posible si la Tierra orbitara solo uno de los dos soles. Pero no es algo bueno para la compleja vida que tenemos aquí en el planeta, pues en algún momento, las estrellas iluminarían ambos lados de la Tierra al mismo tiempo. Y no solo perderíamos nuestras noches, sino que recibiríamos dosis dobles de radiación ultravioleta y de vientos solares.

Ningún protector solar podría impedir que te tostaras. Pero la órbita de la Tierra sí podría ser estable si el planeta girara alrededor de dos estrellas. Las estrellas tendrían que estar juntas y la órbita de la Tierra estaría más lejos de ellas.

¿A qué distancia?

Lo más probable es que sea más allá de la zona habitable, donde el calor de estos soles no sería suficiente para mantener el agua en estado líquido. El planeta se convertiría en una roca congelada y sin vida. ¿Ya perdiste la esperanza? Bueno, tenemos buenas noticias. El mejor escenario para nuestro planeta sería si reemplazáramos nuestro Sol con dos estrellas estrechamente emparejadas, cada una con la mitad del brillo de nuestro Sol. Eso mantendría a nuestro planeta lo suficientemente caliente como para preservar la vida. Debido a que la gravedad total de las dos estrellas sería mayor, la Tierra tardaría 280 días, en lugar de 365, en dar la vuelta a estos soles. La distancia entre las estrellas tendría que ser de menos de 15 millones de kilómetros. De esa manera, las órbitas de todos los planetas de nuestro sistema serían estables, incluso la de Mercurio.

Pero vámonos con lo seguro y supongamos que la distancia entre las estrellas fuera de unos cinco millones de kilómetros. En ese escenario, las dos estrellas orbitarían entre ellas cada diez días.

Cada cinco días, una estrella pasaría delante de la otra. Desde la Tierra, se vería como un eclipse solar, pero, en vez de que la Luna bloqueara al Sol, una estrella se pondría frente a otra. Este eclipse duraría unas cinco horas y no 7.5 minutos. En esas condiciones, a la Tierra le iría bien si orbitara dos soles. Pero debemos preguntarnos antes si la Tierra se hubiera formado en un sistema estelar binario. Hasta donde sabemos, el planeta más pequeño conocido que orbita dos soles es un gigante gaseoso mucho más grande que la Tierra. Tal vez haya un planeta pequeño y rocoso como la Tierra que gire alrededor de dos soles en algún lugar del universo.

Sencillamente, aún no lo hemos encontrado. Este planeta podría albergar un tipo de vida lo suficientemente inteligente como para que nos visite algún día.

¿Qué pasaría si apagáramos nuestro sol?

¿Cuánta agua necesitarías para apagar el Sol? Sea cual sea tu plan, ten cuidado, porque tratar de apagar el Sol solo lo haría más caliente.

Antes de ver cómo nos iría de mal con esta aventura, hablemos de dónde podríamos encontrar toda el agua que necesitamos hipotéticamente. Tengo algunas ideas.

¿Qué tal el cubo de hielo más grande del Universo? ¿Una gigantesca manguera? ¿O todo un mundo acuático que lanzaríamos hacia el Sol?

Está bien. Seamos un poco más realistas. Ningún cubo de hielo gigante pasará por nuestro sistema solar en el corto plazo. Eso nos deja con un escenario posible. Tendríamos que sacrificar cada gota de agua que tenemos aquí en la Tierra. Drenaríamos nuestros océanos y también agotaríamos toda el agua dulce. Luego construiríamos una manguera muy grande para lanzar agua al Sol a la velocidad de la luz. Y entonces... Espera ¿dije que sólo había una opción?

Olvidé la posibilidad de usar un mundo acuático. Dejar a la Tierra sin Sol y sin agua parece un poco irrazonable. Podríamos evitar este escenario de drenaje oceánico si encontráramos una manera de lanzar un exoplaneta al Sol. Pero, no hablamos de cualquier exoplaneta. Buscaríamos un mundo acuático, Y resulta que sabemos dónde encontrarlo.

A unos 40 años luz de la Tierra, hay un planeta principalmente compuesto de agua con una atmósfera de vapor. Los científicos lo llamaron GJ 1214b, pero lo llamaremos "mundo acuático".

Este planeta es 2.7 veces más grande que la Tierra en diámetro y pesa siete veces más que nuestro hogar. Y tiene muchas menos rocas y mucha más agua que la Tierra.

Probablemente habría suficiente agua en este mundo acuático para apagar nuestro Sol para siempre. Pero no sería como crees que sucedería. Si pudiéramos hacer que este mundo acuático chocara con el Sol, el primer problema sería la congelación del agua en el espacio. Lo mismo pasaría si pudiéramos llevar una manguera gigante con toda el agua de la Tierra que apuntara a nuestra estrella. El hielo continuaría su recorrido hacia el Sol, pero se enfrentaría a la evaporación tan pronto como alcanzara la atmósfera de la estrella. El vapor de agua se desintegraría en elementos básicos como el oxígeno y el hidrógeno. Y ahí es cuando algo interesante podría suceder. El Sol puede parecer una enorme bola de fuego, pero no está exactamente en llamas. Dentro de su núcleo ardiente, la presión es 340.000 millones de veces mayor a la de la superficie de la Tierra.

Esta inmensa presión fusiona átomos de hidrógeno, produciendo así helio y emitiendo energía en el proceso. Dado que el hidrógeno actúa como un combustible para nuestro Sol, verter agua sobre él sería como arrojar gasolina al fuego. Verías al Sol tomar un color blanco azulado a medida que aumenta en seis veces su tamaño. Esto generaría una ola de calor extrema en todo nuestro planeta.

No terminaríamos arrasados por un Sol en expansión, aunque podría haber otras consecuencias.

No podríamos apagar el Sol con su propio combustible, pero si disparamos suficiente agua a la velocidad de la luz, nuestra estrella podría ceder. La presión en su interior caería. El hidrógeno no podría fusionarse para crear helio y el Sol se apagaría.

Sin un Sol que nos diera luz y calor, la Tierra se congelaría. Solo un año después, la temperatura caería por debajo de los -73°C. La mayoría de las plantas y animales ya habrían muerto mucho antes. En las partes más profundas de los océanos, los respiraderos geotérmicos nos podrían calentar y nos proporcionarían energía. Pero acabamos de verter toda el agua de la Tierra en el Sol, por lo que estamos condenados a congelarnos.

Por suerte para nosotros, lo único en el universo que puede generar un daño sustancial al Sol es el mismo Sol y eso tardaría miles de millones de años en suceder.

¿Qué pasaría si el sol se tragara a la Tierra?

El núcleo del Sol se está encogiendo. Pero a medida que lo hace se hace más grande. Y continuará creciendo hasta que algún día se trague a la Tierra por completo.

Cada mil millones de años el Sol se hace un 10% más caliente. Pero vamos a tomar esos miles de millones de años y condensar la acción en un mes. Alístate, porque vamos a movernos muy pero muy rápido en este episodio. Según nuestro nuevo cálculo, en vez de mil millones de años, al Sol le tomaría solamente cuatro días volverse 10% más caliente. Esto significa que verías a la Tierra consumida por el Sol en tan solo un mes. Eso, claro, si aún estás por aquí para presenciar el evento final.

En el día 1, no serías para nada consciente de la tragedia que estaría a punto de ocurrir en nuestro planeta. Tal vez, sentirías que hace un poco más de calor. Pero eso es todo. Es sólo el clima. Puede pasar.

Pero, para el día 4, las agencias espaciales en todo el mundo estarían haciendo sonar sus alarmas. Para ese entonces, el Sol ya estaría 10% más brillante y más caliente. Y aunque 10% no parece mucho, sería el principio del fin para nosotros. A medida que el Sol se calentara, más y más agua de la superficie terrestre se evaporaría hacia la atmósfera. Esto aumentaría el efecto invernadero, lo que provocaría un drástico aumento de las temperaturas. De repente, todo se pondría muy húmedo y muy caliente. La luz de alta energía proveniente del Sol bombardearía la atmósfera, dividiendo las moléculas de agua en hidrógeno y oxígeno. El planeta comenzaría a perder su agua. Y no podrías escapar de la letal radiación en la superficie terrestre. Si quieres sobrevivir necesitarás ir a lo profundo, muy dentro, en un refugio bajo tierra.

Pero incluso estando bajo una capa protectora de suelo, no estarías a salvo por mucho tiempo. Para el día 16, el Sol sería casi un 40% más brillante. Nuestros océanos hervirían, y no quedaría humedad alguna en nuestra atmósfera. La hermosa y exuberante Tierra en la que creciste se convertiría en una roca esteril, caliente y seca.

Para el día 20, el Sol se quedaría sin hidrógeno. Así que la estrella comenzaría a quemar helio en su núcleo. Ahora, el Sol se ha convertido en una gigante roja y se expandirá rápidamente al mismo tiempo que pierde su masa. La atracción gravitacional del Sol sobre la Tierra se debilitaría, y nuestro planeta comenzaría a alejarse de la estrella en expansión. Pero no lo suficientemente lejos. De acuerdo con los investigadores Klaus-Peter Schroeder y Robert C. Smith, la Tierra se habría movido tan sólo 0.0002 unidades astronómicas. Una unidad astronómica es la distancia entre la Tierra y el Sol. Mientras nuestro planeta se aleja cada vez más del invasivo Sol, la gigante roja crecería hasta 1,2 unidades astronómicas en radio.

El Sol sería más grande que la órbita de la Tierra y se tragaría al planeta por completo. Una vez que esté dentro de la atmósfera solar, la Tierra chocaría con partículas de gas y se movería aún más hacia el interior. Y la Tierra no sería la única víctima de un Sol en expansión. Mercurio y Venus ya se habrían vaporizado. Los anillos de Saturno se derretirían. Plutón se pondría mucho más caliente y si hay una superficie líquida, y una atmósfera densa en este planeta enano y distante, podría incluso volverse habitable.

Desafortunadamente, 30 días no le darían suficiente tiempo a la raza humana para prepararse para una catástrofe semejante. Pero si tuviéramos más tiempo, es decir, miles de millones de años, lograríamos idear un plan de evacuación.

¿Qué pasaría si reabasteciéramos el Sol con Júpiter?

En 5.000 millones de años, vamos a tener que enfrentar un gran problema. Bueno, solo si siguiéramos viviendo en la Tierra en ese momento.

Nuestro Sol estará al borde del colapso. Y si no encontramos la manera de darle todo el combustible que necesita, bueno, estaremos fritos.

El delicado equilibrio del Sol, con el hidrógeno y el helio, nos mantiene vivos y en buen estado. Aunque creas que hay una bola infinita de energía en el cielo, pues no, el Sol no es eterno. Para que siga haciendo su trabajo, nuestro Sol necesita una fuente estable de hidrógeno. En su núcleo, el hidrógeno del Sol se convierte en helio en el proceso de fusión nuclear. Esta reacción de fusión es exotérmica, lo que significa que emite más energía de la que consume.

Esta energía se libera como radiación gamma, lo que proporciona un impulso suficiente de gravedad para evitar que el Sol implosione. Entonces ¿cómo puede Júpiter ayudarnos en todo esto?

Bueno, alrededor del 90% de la atmósfera de Júpiter está compuesta de hidrógeno. Esto lo convierte en una gran bola de combustible, a pesar de que tiene solo el 0.01% de la masa del Sol. Los astrónomos han localizado un sol similar al nuestro que ha estado consumiendo un gigante gaseoso similar a Júpiter.

La atmósfera de WASP-12b está siendo absorbida por su estrella, lo que viene generando un anillo de gas ardiente a su alrededor. A medida que el Sol extrae su atmósfera, el planeta se expande y ha llegado a incrementar su tamaño hasta seis veces el de Júpiter.

Nuestro Sol absorbe hidrógeno a un ritmo de 620 millones de toneladas métricas por segundo. Con cuatro gigantes gaseosos en nuestro Sistema Solar, podríamos mantener a nuestro Sol por otros 87 millones de años. Al ser Júpiter el más grande, probablemente querríamos empezar con él. Para lograrlo, tendríamos que llevar a Júpiter a una condición similar a la de WASP-12b, lo suficientemente cerca del Sol para que ofreciera un flujo constante de hidrógeno desde su atmósfera. Tendría que ser suficiente hidrógeno para que no sume o reste masa al Sol. En otras palabras, es como llevar una dieta saludable y hacer ejercicio con algunas trampitas.

¿Pero no sería mejor enviar a Júpiter directo al Sol?

Eso suena más divertido. Bueno, sería un gran espectáculo de fuegos artificiales, pero esto aumentaría la masa del Sol demasiado rápido y nuestra estrella combustionaría tanto como para asarnos.

La clave es mantener estable la masa del Sol, para que su fusión siga siendo consistente en el núcleo. Incluso, si lográramos llevar a Júpiter lo suficientemente cerca del Sol, esto podría traer una serie de problemas adicionales.

Sin la fuerza gravitacional estable de Júpiter, todas nuestras órbitas planetarias, incluida la de la Tierra, terminarían fuera de curso. Además, perderíamos nuestro preciado escudo contra asteroides y cometas mortales. Así que, siendo realistas, probablemente tendríamos que tragarnos nuestro orgullo y mudarnos a otro lugar. ¿Quién sabe?

Tal vez haya un exoplaneta muy parecido a la Tierra donde podamos establecernos. Solo esperemos que no esté poblado por alienígenas hambrientos.

¿Qué pasaría si una cuasi-estrella entrara a nuestro sistema solar?

Esta estrella intergaláctica ha estado viajando por el Universo. Y, ahora, finalmente está entrando en nuestro sistema solar. Pero no hablamos de cualquier estrella. Esta es conocida como una cuasi-estrella y es una de las más grandes.

Las cuasi estrellas no son solo estrellas normales. Están alimentadas por agujeros negros. La teoría señala que la estrella original habría sido tan masiva que el núcleo comenzó a colapsar. Normalmente, surgiría una supernova en esta etapa, pero en su lugar, la explosión habría sido absorbida por las capas externas de la estrella y un agujero negro se habría formado en su núcleo.

El agujero negro se alimenta entonces de esta estrella durante miles de años, absorbiéndola lentamente. ¿Qué pasaría si esta estrella mortal llegara a nuestro sistema solar? Primero, debemos comprender lo inmensa que es. Para ponerlo en perspectiva, nuestro Sol es el objeto más grande de nuestro Sistema Solar con 1.3 millones de kilómetros de diámetro. Puede parecer gigante, pero realmente no lo es.

A sólo 5.2 años luz de distancia, hay otra estrella conocida como UY Scuti, que es 1.700 veces más grande que nuestro Sol. Enorme ¿no lo crees? Pero esta cuasi-estrella es aún más grande. Tiene un diámetro de 10.000 millones de kilómetros, 7.000 veces el tamaño de nuestro Sol. Así que, sí, esta cosa es absurdamente grande y ahora viene hacia nosotros.

Si una cuasi-estrella entrara en nuestro Sistema Solar, empezaríamos a notarlo mucho antes de lo que crees.

Sería tan brillante como toda una galaxia. Y no solo eso, sino que sería tan luminosa como al menos 100.000 soles. Entre más cerca esté, más brillante se verá todo en la Tierra.

Infortunadamente, esta estrella no solo nos daría días más luminosos. Tan pronto como ingresara a nuestro Sistema Solar, planetas, asteroides y cualquier otro objeto probablemente sería expulsado de su órbita.

Esto podría generar lluvias de meteoritos épicas para nosotros en la Tierra. Miles de asteroides podrían terminar chocando con nuestro planeta. Y si un planeta tuviera la suerte de no perder su órbita, igual terminaría engullido por la cuasi-estrella.

Esta estrella recorrería todo nuestro sistema solar. Podría tragarse a Neptuno e, incluso, enormes planetas como Saturno y Júpiter. Su viaje continuaría hasta llegar a la Tierra. La humanidad ya se habría extinguido en este punto, debido a las altísimas temperaturas. El planeta se calentaría rápidamente y, una vez que llegara a 260°C, la atmósfera se convertiría en vapor y dióxido de carbono. Al alcanzar los 760°C, se produciría dióxido de azufre. Y la Tierra seguiría calentándose hasta que su corteza y manto se evaporen por completo, y todo el planeta sea consumido por la cuasi-estrella.

Y como si no hubiera causado suficientes problemas, eventualmente este astro podría convertirse en un agujero negro supermasivo. Esto ocurriría después de que su núcleo de agujero negro terminara de consumir toda la estrella.

¿Qué pasaría si el Sol comenzara a morir?

¿Y si el Sol comenzara a morir ahora mismo? Imagina que esta estrella enana amarilla llegara al final de su existencia mucho antes de lo que debería.
Nuestro Sol nació hace unos 4.600 millones de años cuando una nube espacial gigante, compuesta de gas y polvo, chocó con ondas de energía súper intensas y colapsó en sí misma. Desde entonces, el Sol ha estado generando energía a partir de reacciones de fusión en su núcleo.
Cada segundo, este enorme reactor nuclear convierte 600 millones de toneladas de hidrógeno en helio, la fuente de todo el calor y de la luz del Sol. Pero un día, dentro de miles de millones de años, el Sol se quedará sin su combustible.
¿Y si ese día llegara mucho antes? ¿Qué pasaría si en lugar de 5.000 millones de años más, el Sol tuviera sólo cinco días de vida?
A ese ritmo, después de un día, el Sol sería un 10% más brillante. Si te gusta el clima tropical, podrías pensar que esto es algo bueno, pero no te emociones demasiado. Un 10% podría no sonar como algo problemático, pero para nuestro planeta, el cambio sería significativo. La Tierra se hornearía con la misma cantidad de calor que convirtió a Venus en el planeta volcánico que conocemos hoy.

Los océanos comenzarían a evaporarse y todas las plantas se quemarían. Los animales herbívoros empezarían a morir de hambre. Aunque sería un momento ideal para que los vegetarianos cambiaran su dieta. Al final del tercer día de este intenso calor, podría hervirse un pollo en el océano. ¡Salado!

Para ese entonces, el Sol estaría calentando un 40% más que hoy. Sobrevivir en la superficie de la Tierra sería tan difícil como si vivieras en Venus. Confía en mí, pues no querrías tener finca raíz en ese planeta infernal.

El quinto día, el Sol finalmente habría quemado todo su hidrógeno. Para nuestro viejo amigo, este sería el principio del fin. La ceniza de helio acumulada en el núcleo del Sol se volvería inestable y colapsaría por su propio peso. El núcleo se volvería más caliente y denso, pero el Sol, en conjunto, se estaría expandiendo. Cuando decimos expandir, estamos hablando en serio. Se convertiría en una gigante roja, lo suficientemente grande como para tragarse a Mercurio y a Venus. Incluso la Tierra podría desaparecer dentro de esta estrella ardiente e inflada.

En poco tiempo, el helio en el núcleo del Sol generaría un enorme destello. El Sol en sí se reduciría de gigante roja a rama de gigante roja, aunque sigue siendo 10 veces más grande de lo que es actualmente. Lo que quede de nuestro Sol seguiría expandiéndose y encogiéndose en una serie de pulsos térmicos.

Cada pulso sería más grande y brillante que el anterior. Si bien el Sol puede parecernos enorme, en la escala del universo no es tan grande como las estrellas que experimentan una supernova. Nuestro Sol eventualmente terminaría como una estrella enana blanca que no emitiría calor o luz significativa. Es una transformación intensa, y todo esto, le sucederá a nuestro Sol.

Pero, afortunadamente, ninguno de nosotros estará vivo en 5.000 millones de años para presenciarlo. ¿No crees que es mejor así?

Quizás, para ese momento, ya estaremos viviendo en otro planeta. Si la humanidad puede organizarse por generaciones para lograrlo, tal vez ya nos habremos mudado a otro lugar.

¿Qué pasaría si Urano chocara con la Tierra?

Han pasado 30 días desde que Urano apareció por primera vez en el cielo. Al principio, parecía que nuestra Luna había encontrado un compañero estelar. Pero, entonces, entendimos que algo mucho, mucho más grande se dirigía hacia nosotros.
Retrocedamos 30 días, cuando las cosas eran aún normales. Urano tenía una vida tranquila en las afueras de nuestro sistema solar, a unos 3.000 millones de kilómetros de distancia. De repente, comenzó a acercarse. Los astrónomos serían los primeros en apretar el botón de pánico. Según sus cálculos, Urano tardaría 13 años en llegar al punto de colisión. Nos quedaría un corto tiempo, pero al menos tendríamos una pequeña oportunidad de evacuar la Tierra. Pero el frío gigante azul tenía otros planes. No estamos hablando de un simulacro planetario. Los planetas no abandonan sus órbitas sin razón alguna. Pero, de alguna manera, Urano lo hizo.
Atravesaría el sistema solar a una velocidad de alrededor de 1.000 kilómetros por segundo. A causa de esta inesperada velocidad, solo nos quedarían unos 30 días en este planeta.
Urano brillaría como una estrella azul en el cielo y cada día parecería más grande y brillante. Nuestro cielo se vería precioso, no solo por el gigante de hielo que nos ilumina, sino por las múltiples estrellas fugaces. Solo que... en este caso, no serían estrellas. Para llegar a la órbita de la Tierra, Urano tendría que pasar por un cinturón de asteroides entre Júpiter y Marte.

Este recorrido alteraría las órbitas estables de muchos asteroides y los enviaría hacia nosotros. Estos asteroides pueden llegar a medir 240 kilómetros de diámetro, unas cuantas veces más grande que el meteorito responsable de la extinción de los dinosaurios hace unos 65 millones de años.

No tendríamos adónde ir. Nos quedaríamos aquí, viendo cómo el fin de los tiempos ocurre ante nuestros ojos. Será mejor que disfrutes la vista. Para cuando los primeros asteroides aparecieran como estrellas fugaces, Urano se vería aproximadamente del mismo tamaño que la Luna, pero crecería rápidamente a medida que se acercara. Y mientras esperas la destrucción de la humanidad, Urano empezaría a sacudir las cosas. Debido a que Urano es unas 15 veces más masivo que la Tierra, su atracción gravitacional comenzaría a afectar gravemente a nuestro planeta.

Los volcanes empezarían a entrar en erupción sin control alguno y surgirían grandes terremotos que destruirían la Tierra desde el interior. Y ni hablar del hedor. Quedarías inconsciente por el mal olor porque, bueno, Urano huele a flatulencias.

La atmósfera superior del gigante de hielo se compone principalmente de sulfuro de hidrógeno. Es lo mismo que hace que los huevos podridos apesten. Imagina un planeta entero de huevos podridos que envuelve la Tierra. Pensar en ello me da náuseas. Pero Urano no vendría solo a visitarnos. Traería a todas sus 27 lunas. Y esas lunas golpearían la Tierra desde todos los frentes. En un final lleno de flatulencias, Urano comprimiría lo que quedara de nuestra atmósfera y las temperaturas en aumento harían que se incendiara. De esta manera, nuestro hermoso planeta azul se alinearía y comenzaría a orbitar el gigante de hielo, convirtiéndose así, finalmente, en una de sus múltiples lunas.

Sin embargo, Urano no se saldría con la suya tan fácilmente. La última vez que chocó con otro objeto planetario, del doble del tamaño de la Tierra, sufrió una inclinación. Sí, Urano es el único planeta en nuestro vecindario que gira de un lado. El impacto con nuestra Tierra podría ayudar a que volviera a su inclinación original. Pero, para la Tierra, sabríamos que es el final. Si, por algún misterio inexplicable, la vida en lo que quedara de la Tierra surgiera una vez más, veríamos el azul de Urano en el horizonte.
Se vería tan genial como si la Tierra fuera una de las lunas de Júpiter.

¿Qué pasaría si cayeras en Júpiter?

Este gigante gaseoso, en gran parte, es un misterio. Entonces, ¿qué pasaría si quisieras descubrirlo por ti mismo y saltar directamente a él?
O deberíamos decir, ¿en su interior?
Júpiter no tiene superficie, sólo una atmósfera aparentemente interminable. Si intentaras saltar a Júpiter con un traje espacial estándar, la aventura acabaría muy rápido. En primer lugar, ni siquiera llegarías al planeta. A unos 300.000 kilómetros de Júpiter, la radiación penetraría tu traje y morirías.
Pero eso sería muy aburrido. Así que te daremos un traje espacial único que puede sobrevivir a la caída. Por ahora, Aquí es donde comienza la verdadera diversión. Comenzarías con una caída desde lo más alto de la atmósfera a cerca de 180.000 kilómetros por hora. Esto es mucho más rápido de lo que caerías desde lo más alto de la atmósfera de la Tierra, pues la gravedad de Júpiter es mucho más fuerte que la de nuestro planeta.

Aún podrás ver el Sol, pero no esperes que te caliente. Luego de caer unos 250 kilómetros, llegarías a las nubes de amoníaco y experimentarías temperaturas de -150°C. Ahora prepárate para el remolino más épico de tu vida. Las nubes de Júpiter generan vientos muy fuertes. Te sentirías como si estuvieras en un tornado gigante y muy colorido.

Esto ocurre porque Júpiter es el planeta con la rotación más rápida de nuestro sistema solar. Un día en este planeta equivale a 9.5 horas en la Tierra.

Descendamos unos 120 kilómetros más. ¡Felicitaciones! Es lo más profundo que ha llegado cualquier exploración del gigante gaseoso.

En 1995, la sonda Galileo de la NASA llegó hasta aquí, antes de que fuera destruida por la presión de la atmósfera de Júpiter. Pero no te preocupes, no te está pasando a ti. ¡Tienes el traje!

Cuanto más penetres a través del planeta, más oscuro se pondrá, hasta que todo se vuelva completamente negro. La única fuente de luz que tendrás vendrá de las tormentas eléctricas a tu alrededor. En este punto, la temperatura comenzará a aumentar, e incluso podría sentirse agradable, excepto por la inmensa presión física sobre ti. La presión que experimentarías es al menos 1.000 veces mayor a la de la superficie de la Tierra.

La única forma de sobrevivir es si tu traje espacial estuviera hecho de un material tan resistente como el del submarino que alcanzó la mayor profundidad de inmersión en la historia.

A estas alturas, llevas 12 horas cayendo y, seamos honestos, te estás aburriendo un poco. Probablemente querrías llamar por la radio a alguien para que venga a buscarte. Bueno, lamento informarte que no es posible dentro de Júpiter, ya que las ondas de radio se absorben a esta profundidad dentro de la atmósfera del planeta. Tendrás que seguir cayendo. La temperatura seguirá subiendo, al igual que la presión.

Al llegar a las capas internas de Júpiter, habrá zonas en las que podrás nadar en una sustancia que no es del todo líquida o gaseosa, conocida como fluido supercrítico. Al moverte a través de este extraño material, la temperatura será aún mayor.

Eventualmente, será equivalente a la de la superficie del Sol. Si eso no fuera suficiente, también experimentarías una presión dos millones de veces mayor a la de la Tierra. Comenzará a formarse hidrógeno metálico y estarás rodeado de él. Esta sustancia relativamente desconocida puede ser un líquido denso del que no podrás escapar.

Si lo lograras, seguirías descendiendo a través de él durante miles de kilómetros hasta llegar al núcleo de Júpiter, posiblemente un objeto sólido. Algunos científicos predicen que sí lo es, debido a la inmensa presión en esta parte del planeta. Independientemente de que logres sobrevivir a todo esto, estarías atrapado en el planeta por la presión atmosférica.

No sería un viaje muy gratificante. Tal vez deberíamos dejar al planeta como el increíble misterio que es actualmente. Pero si alguna vez logras atravesar Júpiter y quedas atascado, esperamos que tengas a la mano algunos videos.

¿Qué pasaría si los extraterrestres llegaran mañana?

¿Estamos solos en el universo? Con más de 100.000 millones de galaxias en el universo observable y al menos 500.000 millones de planetas solo en la Vía Láctea, ¿no crees que ya deberíamos haber encontrado algo?

Incluso si un pequeño porcentaje de esos miles de millones de planetas albergara vida inteligente, habría decenas de miles de civilizaciones en el espacio.

Y aún no hemos visto ninguna. Aún nos preguntamos por qué se han demorado tanto. Pero, ¿qué tal si te dijera que incluso los extraterrestres más amigables podrían acabar con nuestra civilización para siempre?

Solemos aplicar nuestras teorías al resto del universo. Esperamos que los extraterrestres vengan a visitarnos, incluso si nosotros no hemos podido explorar nuestro vecindario espacial. Creemos que ellos han tenido un gran progreso tecnológico, mucho mayor para lograr viajar por el universo.

Bueno, aquí están, con sus flamantes naves espaciales sobre nuestro planeta. Hasta donde sabemos, ningún gobierno tiene preparada una fiesta de recepción para extraterrestres en caso de que, repentinamente, los viéramos en el horizonte. Pero, ¡cálmate! Digamos que los extraterrestres son cordiales y nos envían una señal antes de invadir nuestro planeta. Tal vez tú no lo sabrías inmediatamente o, al menos, no hasta que varios observatorios, administrados por organizaciones, verificaran esa señal. Y, bueno. Los alienígenas están aquí. Ya sabes que sí existen.

Lo acabas de ver en las noticias. Agencias y países alrededor del mundo ya estarían trabajando en conjunto para establecer el nivel de amenaza.

Reunirían expertos en lingüística, psicología, combate y biología para que intentaran hacer el primer contacto con los extraterrestres. Grupos de expertos grabarían todas las interacciones para analizar los gestos y las reacciones auditivas de los alienígenas.

Esto les ayudaría a determinar si vienen en paz o si pretenden causar una catástrofe. Algunas personas podrían pensar que los líderes religiosos deberían ser los encargados de hablarles, pero algo me dice que los alienígenas no aprendieron nuestras lenguas en la escuela. ¡Buena suerte al intentar contactarlos!

Y mientras los más inteligentes en la Tierra están tratando de interpretar las intenciones de los extraterrestres, tú estarías... Espera, ¿no tienes curiosidad de saber cómo se ven?

Algunos expertos en evolución aseguran que las proteínas y el ADN son iguales, sin importar el lugar del universo del que provengan. Si eso es cierto, la evolución de los alienígenas sería similar a la de los humanos. Tendrían visión binocular con ojos cercanos al cerebro. Como nosotros, vivirían en tierra y tendrían al menos dos extremidades inferiores para moverse y tres dedos para manejar herramientas. Si algunas de nuestras criaturas lucen así, imagina cómo se verían las que vienen de otro planeta. Mientras tanto, en la Tierra, en medio de las discusiones de los gobiernos sobre cómo actuar, los medios te mantendrían informado. Sería muy difícil saber cuál información es legítima y cuál no. Pero trata de no caer en las garras de las noticias falsas que inundarían Facebook. Mantén la calma o al menos haz el esfuerzo de evitar empacar tus cosas de afán para refugiarte en las montañas. Al mismo tiempo, gobiernos y científicos expertos estarían compartiendo información sobre la interacción con los alienígenas.

A partir de este punto, los eventos podrían derivar en varios escenarios. En el primero, tal vez no tengan una respuesta auditiva o visual a nuestros estímulos. Esto puede significar que la nave llegó sin alienígenas o que los extraterrestres están esperando refuerzos para freírnos, literalmente.

En otro escenario, los alienígenas respondieron e intentaron comunicarse sin usar sus posibles armas. Eso sí, no puedo hablar de sus intenciones. Hasta donde sabemos, tal vez quieren deshacerse de nosotros para quedarse con la Tierra.

Debido a las barreras lingüísticas, nuestras interacciones podrían no ser las mejores y generar tensiones. Si así ocurre, estamos fritos.

Si consideramos que estos seres tenían la tecnología para llegar a nuestro planeta, es posible que también tuvieran la capacidad de desarrollar armamento muy, muy avanzado. Los civiles ya estarían presionando los botones de emergencia, mientras los gobiernos estarían alistando sus armas nucleares. Esa sería nuestra mejor y más destructiva arma contra ellos.

O así queremos creerlo. Puede ser que los alienígenas tengan reacciones adversas a cosas en la Tierra a las que estamos acostumbrados. Digamos que su piel se derritiera en contacto con el agua. Defendernos de ellos sería muy simple. No digo que los extraterrestres necesariamente vayan a acabar con el planeta. Tampoco que quieran hacernos daño. Pero si algún peligroso microorganismo del espacio exterior lograra colarse a nuestra Tierra, los humanos no tendríamos una inmunidad natural para combatirlo y, probablemente, comenzaría a acabar con nuestras especies.

Por otro lado, si los alienígenas no vinieran a hacer amigos, estaríamos acabados mucho antes de tener la posibilidad de entablar la paz entre seres inteligentes. En todo caso, esto demuestra que no estamos listos para la visita de viajeros interplanetarios.

Lo mejor es prepararnos para ese primer contacto. O, tal vez, deberíamos invadir otros mundos antes de que ocurra lo contrario.

¿Qué pasaría si la Tierra tuviera anillos como Saturno?

Júpiter... Urano... Saturno... ¿La Tierra? Tristemente, la Tierra no entra en la lista de planetas con anillos del sistema solar.

Cuando la tierra era joven, probablemente tenía un anillo de escombros de rocas a su alrededor. Hace 4.500 millones de años, otro planeta, Tea, chocó con la Tierra. El duro impacto generó un anillo de materia alrededor de la órbita terrestre, pero no duró mucho tiempo así. Los escombros rocosos pronto formaron otro cuerpo celeste: la Luna.

Tener anillos planetarios visibles desde el cielo sería algo mucho más espectacular que solo ver una roca gris, ¿no crees?

Tal vez, pero si nuestro planeta tuviera de repente estos hermosos anillos, gran parte de la vida en la Tierra no sobreviviría a este proceso de renovación. No necesariamente se requeriría otra colisión para formar anillos alrededor de la Tierra. Podríamos simplemente desmoronar la Luna. Y para hacerlo, solo necesitamos acercarla un poco.

La fuerza gravitacional que nuestro planeta ejerce sobre la Luna no es uniforme. Es mucho más fuerte en el lado de la Luna más cercano a nuestro planeta. Hay un límite sobre cuán cerca pueden estar estos cuerpos celestes unos de otros. Esto se conoce como el límite de Roche. Si se acercan más allá de ese límite, el cuerpo celeste más grande destroza al más pequeño. La distancia establecida por el límite de Roche depende del tamaño, la masa y la densidad de los dos objetos.

Por ejemplo, el sol destruye cometas que se le acercan a 1.3 millones de kilómetros. La Tierra destrozaría un cometa de tamaño promedio a una distancia de 18.000 kilómetros. Para la Luna, el límite de Roche sería de 9.500 kilómetros.

Los anillos que tendríamos provenientes de un objeto similar al tamaño de la Luna serían de alrededor de 5.000 kilómetros de ancho con un grosor de 9.5 metros.

Aunque a diferencia de los anillos de hielo de Saturno, los nuestros solo estarían hechos de roca.

La Tierra está muy cerca del sol como para tener escombros congelados. Al mirar al cielo, podrías ver siempre estos anillos desde la Tierra. Debido a la luminosidad de estos anillos, la Luna no se vería tan brillante.

Bueno, si aún tuviéramos la Luna. Si nuestro satélite natural se desmoronara para convertirse en anillos, no habría una Luna para ver en el cielo y habría consecuencias. Los anillos que, repentinamente, rodearían la Tierra afectarían los sistemas de navegación de algunos animales. Si no llega suficiente luz solar directa por la interferencia de los anillos, esto también tendría un efecto en la fotosíntesis y el suministro de oxígeno.

En zonas de la Tierra ubicadas en la sombra de los anillos, y sin contacto con los rayos del sol, la temperatura sería tan fría que las volvería inhabitables. Los satélites de comunicación, generalmente posicionados sobre el Ecuador, quedarían en medio de una tormenta de rocas. Necesitaríamos encontrar otra manera de mantener viva la internet, si quisiéramos seguir publicando nuestras selfis en un mundo con anillos.

Estaríamos mucho mejor en un escenario en el que la Tierra siempre haya tenido anillos. Si no perdiéramos luz solar u oxígeno, evolucionaríamos de manera adecuada, pero tendríamos que desarrollar otros medios de comunicación, pues no podríamos enviar satélites a una órbita llena de rocas. El espacio ya no sería nuestra frontera final. Los aros rocosos alrededor del planeta serían como una reja con alambre de púas que nos mantendría encerrados.

Y como los anillos de Saturno, los de la Tierra no durarán para siempre. En algún momento comenzarán a envejecer y caerán desde el cielo. Asegúrate de usar casco y no olvides mirar hacia arriba para disfrutar el show. Si el multiverso es real, podría haber una Tierra con anillos en algún lugar, con personas que se pregunten cómo sería vivir en un planeta sin anillos.

¿Qué pasaría si la Tierra fuera tan grande como el Sol?

Los árboles caen, los ecosistemas colapsan y nuestra infraestructura se desmorona. Los cultivos no crecen y el agua es escasa. La Tierra se está convirtiendo en un planeta muerto. Pero si vemos el lado positivo, ¡nunca ha sido un mejor momento para comprar una propiedad!
Pero ¿quién puede pensar en bienes raíces si no se puede salir de casa y mucho menos levantarse de la cama o, incluso, respirar?
Todo el mundo sabe que el Sol es grande. Es decir, ¡obsérvalo! ¡Es tan grande que se ve a pesar de estar a 150 millones de kilómetros de distancia! ¡Imagínate cómo se vería si estuvieras junto a él! Olvídalo.
El Sol representa el 98% de la masa de todo nuestro sistema solar.
Y, en comparación con el planeta más denso, nuestro planeta Tierra, ¡el Sol tiene un millón de veces más masa! De hecho ¡se necesitarían cerca de 1.300.000 planetas tierra para llenar todo el sol.
La Tierra sería un lugar muy diferente si fuera del mismo tamaño que el Sol. Imagina la topografía de todo el planeta, pero estirada. Los continentes se expandirían, dando así un alivio a lugares donde la sobrepoblación afecta la calidad de vida. Y tener un buen terreno podría ser algo más asequible que en nuestro planeta actual. Pero también tendríamos que considerar que cada cuerpo de agua en nuestro planeta tendría más área que cubrir. Esto significa que los lagos, los ríos e, incluso, los océanos serían más superficiales, haciéndolos más susceptibles a evaporarse y, potencialmente, a secarse.

La vida marina sin duda se vería afectada, ya que las aguas menos profundas absorberían más calor del Sol, lo que pondría en peligro a las criaturas marinas que necesitan aguas más frías para sobrevivir. Con fuentes de agua más pequeñas que comienzan a secarse, los animales salvajes en tierra podrían tener que reubicarse o recorrer distancias mayores para encontrar agua dulce, lo que también los pondría en riesgo.

Nosotros, los humanos, estaríamos en una posición igualmente precaria. Probablemente no solo empezaríamos a luchar por la cantidad limitada de agua dulce disponible, sino que la producción de nuestros cultivos también comenzaría a reducirse. Los cultivos necesitan una cierta cantidad de suelo para crecer y absorber los nutrientes que necesitan. Si nuestro mundo fuera tan grande como el Sol, entonces, nuestro suelo tendría que extenderse para cubrir un espacio mucho más grande, como en el caso del agua.

Menos tierra significaría menos comida, y la demanda de alimentos seguiría siendo la misma. También hay otro problema que no hemos considerado. Y si lo analizamos, hace que la vida en la Tierra sea casi imposible. Una Tierra del mismo tamaño que el Sol es algo bastante difícil de imaginar. Pero, cuando consideras que una Tierra del tamaño del Sol tiene la misma masa que el Sol, no solo está en juego nuestra supervivencia, también el orden de todo nuestro sistema solar.

Piénsalo. Con una Tierra tan grande como el Sol, perderíamos la Luna. Pero si un planeta tiene más masa, también tendrá una mayor fuerza gravitacional. En este caso, la gravedad en la Tierra sería 28 veces mayor que la actual. Más adelante veremos cómo te afecta esto, pero primero, veámoslo de una manera general.

La razón por la que nuestro sistema solar se mueve como lo hace actualmente es porque la masa del Sol es tan grande que su fuerza gravitacional atrae a otros planetas hacia su órbita. Pero en este nuevo escenario, el Sol y la Tierra tendrían cada uno el 49% de la masa de nuestro sistema solar. ¿Esto terminaría en algún tipo de sistema binario en el que el Sol y la Tierra orbitaran entre sí? ¿Cómo esta nueva rivalidad afectaría las órbitas de los demás planetas de nuestro sistema solar? Y ¿una fuerza gravitacional significativamente mayor quiere decir que la Tierra sería impactada por muchos más asteroides?

Bueno, habría mucho más de qué preocuparse que solo por los asteroides. Nuestros satélites probablemente se estrellarían con la Tierra. Edificios y puentes se desmoronarían y colapsarían por la mayor presión gravitacional.

Sólo los árboles gruesos que estuvieran bien enraizados quedarían en pie. Pero es poco probable que cualquier otra cosa pudiera soportar este nuevo peso. De hecho, ¡serías significativamente más pesado y probablemente no serías capaz de caminar!

Piénsalo. Si pesas 50 kilos en la Tierra en este momento, sentirías como si pesaras 1.400 kilos en una Tierra del tamaño del Sol. Lo peor es que, a medida que aumentara la gravedad, el tiempo se ralentizaría. Así que, podrías vivir más tiempo, pero probablemente sería una larga vida en la que permanecerías en cama, con dolores y más dolores. Por suerte, ya podemos despertar de esta pesadilla, pues la Tierra nunca será tan grande como el Sol. De hecho, ¡nuestro planeta se está haciendo más pequeño!

Hay fugas en nuestra atmósfera, por lo que terminamos expulsando al espacio centenares de toneladas de masa todos los días. Así que ¡respira hondo y alégrate de lo que tienes! No siempre es una buena idea meterse con las proporciones y, algo más grande definitivamente no siempre es algo mejor.

¿Qué pasaría si Betelgeuse explotara ahora mismo?

Betelgeuse, Betelgeuse, Betelgeuse. Decir este nombre tres veces no tendrá el mismo efecto de cierto bioexorcista, pero sigue siendo algo extraordinario. Con cerca de 950 veces el tamaño de nuestro Sol, Betelgeuse es una de las estrellas más grandes del universo. Pero esto tiene un precio. Al igual que nosotros, las estrellas tienen una expectativa de vida y Betelgeuse no está exenta. Es una bomba de tiempo a punto de estallar, pero no sabemos cuándo. ¿Y qué tal si hoy fuera el día en el que Betelgeuse nos sorprendiera con una explosión?
Betelgeuse es una de las estrellas más cercanas a la Tierra, a una distancia de solo 650 años luz. Esto hace a Betelgeuse una estrella favorita para astrónomos profesionales y aficionados. Betelgeuse es una gigante roja, lo que significa que, cuando alcance el fin de su vida, primero se expandirá y, luego, explotará.
Su núcleo colapsará y, posiblemente, se convertirá en un agujero negro. Ahora imaginemos que hoy es el día final para Betelgeuse y comienza así un inédito espectáculo cósmico de luces. Pero antes de reservar unas buenas sillas para el gran final de Betelgeuse, preguntémonos: ¿qué tipo de daño podría generar en la Tierra la explosión de una estrella?

Bueno, pensemos en las estrellas como plantas de energía nuclear. Si explotan, estamos hablando de un desastre de proporciones cósmicas. Cualquier cosa que se encuentre a 50 años luz de la explosión de Betelgeuse sufrirá el impacto de grandes ondas, así como de polvo y radiación.

¿Sobrevivirías a esta erupción celestial? De hecho... sí. Lo sé, lo sé. Es algo extraño, ¿no lo crees?

Así que esperas que todo el mundo muera. Pero, escucha esto: ¡Todo el mundo sobrevive en este episodio! El único efecto colateral de la explosión de Betelgeuse que vamos a sentir es tristeza.

Sí, será terrible despedirse de la estrella más brillante en la constelación de Orión. Aquí en la Tierra veremos una luz muy brillante en el cielo. Incluso podría ser visible en el día, con un destello lo suficientemente brillante para hacerle competencia a la luz de la luna en la noche.

No te preocupes. Sería muy difícil que te lo perdieras, pues se espera que este espectáculo de luces dure un buen tiempo. Esto sucede porque la luz de Betelgeuse tiene que viajar 650 años luz desde su lugar en el universo, hasta el nuestro. Será un imponente evento para contemplar, pero será también el fin de una era para Betelgeuse.

Se acabó. Ha sido un placer, Betelgeuse. Estamos a alrededor de una distancia diez veces más lejana como para experimentar repercusiones de la explosión. Si no estuviéramos tan lejos, bueno, sería una historia muy diferente.

Ok, Ok. Está bien. Sabemos lo que te gusta. Después de todo, ¡Que venga la destrucción! Si estuviéramos más cerca de Betelgeuse cuando explotara, nuestra atmósfera y nuestras células terminarían rostizadas por la radiación y los rayos gamma.

Cuando te expones a altas dosis, la radiación puede quemar tu piel y dejar marcas permanentes, generar mutaciones genéticas y, en el peor de los casos, ser letal.

La radiación gamma, en particular, es increíblemente poderosa. Es energía pura, incluso más intensa que la luz. Si Betelgeuse estuviera más cerca de la Tierra, sería un "apagón" -literal y figurado- para todos nosotros. Humanos, animales, plantas... todo sería arrasado.

Una explosión de tal magnitud, de una estrella tan inmensa, destruiría la vida en la Tierra en segundos una vez que la radiación nos golpee. Sin embargo, el proceso de convertirse en supernova le tomará años. Incluso, si tuviéramos naves interplanetarias para evacuar a tiempo, Betelgeuse es tan grande que no habría un planeta en todo el sistema solar que soporte tal explosión.

Ahí lo tienes. ¿Estás feliz? Todos mueren.

Por suerte, estamos muy lejos de Betelgeuse como para tener efectos directos, dañinos u observables por su explosión. Betelgeuse va a estallar, pero lo más seguro es que solo sea en 100.000 años.

Cuando suceda, los astrónomos van a tener que reconsiderar la estructura de Orión. Puede que no deje un gran agujero en el universo, pero sí un gran vacío en nuestros corazones. Pero aún seguimos en este bosque cósmico.

¿Qué pasaría si, de repente, nos quedaríamos sin Luna?

La luna es una roca gigante que ilumina nuestras noches e incluso cambia de color. ¿Qué haríamos sin ella? ¿Necesitaríamos gafas de visión nocturna?

Al ser el cuerpo celeste más cercano a nuestro planeta, la luna ejerce una atracción gravitacional que gobierna muchos de los fenómenos terrestres. El comportamiento del mar, por ejemplo. Si te gusta surfear, puedes agradecerle a la luna.

Cuando la fuerza gravitacional de la luna ejerce su efecto en la Tierra, nuestros océanos responden y nos dan olas más altas en algunas partes del mundo, así como mareas bajas en otros lugares. Y aunque el viento les da a las olas su energía, la luna define su forma. La atracción gravitacional de la luna también mantiene la inclinación del eje de rotación terrestre en 23.5 grados con respecto al sol, lo que nos proporciona cuatro estaciones en gran parte del mundo y un clima llevadero.

Pero, ¿qué pasaría si este clima tolerable se volviera, de un momento a otro, intolerable?

Sin la luna, su efecto estabilizador en la rotación de la Tierra se perdería. Pero hay buenas noticias. ¡No deberás esperar mucho para el fin de semana! Si la luna desapareciera repentinamente, un día en la Tierra duraría entre 6 y 8 horas.

Por millones de años, los cambios en la marea y la presión de las olas sobre los continentes han ralentizado la rotación del planeta, por lo que un día dura 24 horas. Pero sin la influencia gravitacional de la luna, el mundo giraría entre 3 y 4 veces más rápido. Ahora las malas noticias.

Al rotar a esta velocidad, la Tierra experimentaría vientos de hasta 480 kilómetros por hora. Ni pájaros ni insectos lograrían sobrevivir. Los organismos más afortunados serían muy diferentes: Plantas con raíces muy profundas o animales muy muy pequeños y corpulentos.

La mayor parte de la vida marina desaparecería, ya que las criaturas del mar dependen de las corrientes oceánicas para sobrevivir. Las corrientes ayudan a circular nutrientes vitales del suelo oceánico hacia la superficie y llevan oxígeno de la superficie a las profundidades.

Aún tendríamos olas, pero estarían bajo el efecto gravitacional del sol. Como el sol está a 150 millones de kilómetros de distancia, la marea solo tendría un tercio de su fuerza actual.

Sin la luna, los océanos serían atraídos hacia el sol, lo que crearía olas catastróficas y mortales para miles que arrasarían zonas costeras. En este punto, tendríamos que adaptarnos a las nuevas corrientes oceánicas que, a la circular más lentamente, calentarían las aguas ecuatoriales, mientras que las aguas polares se volverían aún más frías. Estas diferencias extremas producirían un efecto similar en tierra, ya que las temperaturas del mar influyen en el clima continental.

Junto con el sol, Marte y otros planetas cercanos también ejercerían una influencia gravitacional en nuestro planeta, lo que atraería la Tierra hacia otros lugares. Esto haría que su inclinación sea más volátil. El plano axial de la Tierra variaría en cerca de 10 grados, lo que generaría grandes cambios en las estaciones que nos llevarían a un clima intolerable para la vida.

La mayoría de los cultivos moriría por los cambios drásticos de temperatura. Viviríamos la peor era del hielo alguna vez vista por el hombre. Inmensos glaciares encapsularían la Tierra de norte a sur, cubriendo todo el territorio con excepción, tal vez, de una estrecha banda en el Ecuador. Aunque la luna llena atrae a los hombres lobo, eso parece mejor que el mundo alternativo donde la luna no existe.

La próxima vez que veas al cielo, alégrate de que aún esté allí. Duerme bien esta noche con su luz, pues todavía podrás surfear en la mañana.

¿Qué pasaría si terraformáramos Venus?

Hemos escuchado la idea de terraformar la Luna y Marte en nuestro intento por colonizar el espacio. Pero, ¿qué pasa con Venus? Si lográramos terraformar nuestro planeta vecino

Aunque no lo creas, la Tierra y Venus son muy parecidos. Muchas veces nos referimos a Venus como "la hermana de la Tierra". Tienen casi el mismo diámetro, la misma masa, la misma gravedad y están hechos del mismo material: un núcleo central de hierro y un manto rocoso. Infortunadamente, no hay más que comparar. A diferencia de la Tierra, Venus es extremadamente caliente, tiene una atmósfera increíblemente densa y vapores tóxicos en su superficie. ¿Qué necesitaríamos para hacerlo habitable?

Por más de medio siglo, científicos y astrónomos han lanzado teorías sobre cómo terraformar Venus. Los dos mayores problemas que necesitan solución son la atmósfera y la temperatura de Venus. Actualmente, la superficie de Venus está a 462°C, lo suficientemente caliente para derretir el plomo. Su atmósfera, compuesta principalmente de dióxido de carbono, es 93 veces más pesada que la de la Tierra.

Han propuesto bombardear Venus con hidrógeno para alterar su atmósfera. Al reaccionar con el dióxido de carbono en la atmósfera, las bombas de hidrógeno crearían grafito y agua. Estos productos caerían sobre la superficie del planeta y lo cubrirían en un 80% con océanos.

Sin embargo, no serían tan profundos como en la Tierra. Venus solo tendría el 10% del agua de nuestro planeta. Esta acción requeriría mucho hidrógeno que solo sería posible obtener si lo tomáramos de Júpiter o Saturno.

Este enfoque también requeriría hierro particulado, un material que puede ser extraído de los asteroides.

Si todo fuera acorde al plan, la densa atmósfera de dióxido de carbono se reduciría hasta ser solo 3 veces más pesada que la de la Tierra. Ok, eso es manejable. Esto también ayudaría a dispersar las nubes de ácido sulfúrico que permanecen sobre el planeta. Bueno, logramos limpiar la atmósfera. ¿Y el calor?

Una manera de enfriar la superficie es a través de cortinas solares, una serie de pequeñas naves o una gran lente que desvíe los rayos del sol. Estas cortinas solares pueden ser ubicadas en la superficie o en la atmósfera del planeta. Ayudarían a enfriar lentamente el planeta y a reducir la radiación, otro asunto que debería ser resuelto antes de irnos a vivir a Venus.

Además de las cortinas solares, la NASA cree que podríamos construir ciudades flotantes sobre las nubes de Venus. Estas servirían como espacios seguros para vivir mientras encontramos la manera de terraformar el planeta. Para enfriar más a Venus y agilizar el proceso se instalarían tubos de refrigeración en la superficie. Estos tubos absorberían el calor y lo llevarían a zonas más frías de la atmósfera.

Con una atmósfera y una temperatura adecuadas, y un aire más limpio, hay otro gran problema que los humanos podrían enfrentar si se mudaran a Venus. Habría días y noches extremadamente largos, pues Venus rota una vez cada 243 días terrestres. Esto significa que un día en Venus tiene 5.800 horas, sin mencionar que es el único planeta de nuestro sistema solar que rota en el sentido de las manecillas del reloj, lo que significa que su amanecer súper lento ocurriría en el oeste, mientras que atardecería en el este.

Podríamos crear la ilusión de un día de 24 horas al usar grandes espejos que roten para así reflejar la luz del sol. Si lo lográramos hacer correctamente, Venus sería justo como nuestro hogar, aunque con un poco menos de gravedad. Después de que ocurriera todo esto, Venus finalmente sería habitable.

El planeta aún tendría una rotación y una vista del sol muy diferentes, pero podría ser un lugar donde los humanos podrían vivir.

Algunos científicos creen que podría ser un "planeta de respaldo" en algún momento. Estudiar más a Venus podría enseñarnos más sobre la Tierra. Venus sufre un increíblemente fuerte efecto invernadero, que es la causa de su atmósfera tan densa y su temperatura extrema. Al aprender más sobre el enfriamiento de este planeta, podríamos descubrir los secretos para enfriar el nuestro e, incluso, hacer que dure muchos años más.

¿Qué pasaría si un magnetar entrara a nuestro sistema solar?

Es el objeto más poderoso en el universo. El imán rotatorio más grande que alguna vez haya existido. Es el equivalente cósmico del gran tiburón blanco. Pero no podría comerte. Solo volvería polvo todos tus átomos. Si pensabas que las estrellas de neutrones eran grandes y escalofriantes, bueno, no has escuchado aún de sus primas estelares más poderosas.

Al igual que las estrellas de neutrones, los magnetares son sobrantes de las explosiones de una supernova. Solo que están llenos de más materia. Su densidad es tan alta que una cucharadita de magnetar podría pesar mil millones de toneladas. También son las estrellas más magnéticas que conocemos.

Usamos una medida llamada "Gauss" para medir la fuerza de un campo magnético. El campo magnético de la Tierra es de solo alrededor de 0.6 gauss. El campo magnético de un magnetar puede ser tan fuerte como mil billones de gauss. No sería lo peor que podría ocurrir en el mundo si un magnetar estuviera quieto en nuestro vecindario galáctico.

Pero si decidiera empezar a moverse, habría dos maneras en las que un magnetar podría acabar con toda la vida en la Tierra, arrasando al tiempo con todo el planeta.

Podría acercarse mucho al planeta. Comenzarías a sentir su presencia cuando estuviera a mitad de camino entre la Tierra y la Luna. A esa distancia, un magnetar borraría la información de las bandas magnéticas de todas tus tarjetas de crédito. No importa lo que hagas, no intentes acercarte a más de 1.000 kilómetros de este invasor cósmico. Si lo hicieras, tus átomos se deformarían. Tu campo bioeléctrico se revolvería, desintegrando así tu estructura molecular. Y tu cuerpo simplemente desaparecería.

En otro escenario, un magnetar podría destruirnos desde una distancia mucho, mucho mayor. Como si los más grandes imanes rotatorios del universo no fueran suficientes, los magnetares también pueden resultar afectados por algo llamado terremoto estelar.

Los terremotos estelares ocurren cuando la corteza de una estrella se rompe, expulsando así grandes cantidades de radiación al espacio. Esta explosión radiactiva podría comprimir el campo magnético de la Tierra e ionizar parcialmente la atmósfera terrestre, incluso a 50.000 años luz de distancia.

Sabemos esto porque ya estuvimos cerca de un fenómeno similar en al menos una ocasión. En 2004, la radiación gamma de un magnetar alcanzó nuestro planeta desde las afueras de nuestra Vía Láctea. En solo un quinto de segundo, liberó más energía que la liberada por nuestro sol en los últimos 250.000 años.

Si ese magnetar y su terremoto estelar estuvieran a 10.000 años luz, las cosas se pondrían mucho peor. En primer lugar, destrozaría nuestra capa de ozono.

Luego, acabaría con la mayoría de la superficie terrestre y con toda la vida en ella. La parte realmente escalofriante es que ni siquiera sabríamos que el magnetar se dirigía hacia nosotros. Sería en un abrir y cerrar de ojos. Yo no te mentiría. Hay magnetares muy cerca. Si uno tuviera un fuerte terremoto estelar, seríamos eliminados rápidamente.

Cuando los científicos comenzaron a buscar estos monstruos interestelares hace 40 años, no lograron saber cuántos existían. Puedes sentirte tranquilo por el hecho de que la mayoría de los magnetares no tienen mucha actividad hasta que llegan a su cumpleaños 10.000. Su corta vida termina cuando se convierten en estrellas de neutrones. Siguen siendo densos y magnéticos, pero nada peligrosos en comparación con lo que solían ser.

¿Qué pasaría si el Sol explotara mañana?

Esa estrella en el centro de nuestro sistema solar, esa esfera súper caliente de plasma que nos da calor, energía, y una tez increíble... Bueno, es una bomba de tiempo.

Cuando llegue ese momento, el Sol se expandirá y se convertirá en una gigante roja. Luego, se encogerá para convertirse en una enana blanca, una estrella moribunda que seguirá enfriándose durante los siguientes miles de millones de años. Por supuesto, todos habríamos muerto mucho antes de que algo así pasara. Pero, aun así, ¿te imaginas lo que sería ver al Sol explotar ante tus ojos?

Con un nombre como el de "supernova", uno pensaría que una explosión solar sería el espectáculo de fuegos artificiales más increíble que el mundo haya visto. Pero, en realidad, ¡probablemente no se vería nada!

El Sol está a 150 millones de kilómetros de la Tierra y su luz tarda ocho minutos en llegar a nosotros. Y aunque esa pueda parecer una distancia muy lejana, bueno, no tendríamos oportunidad alguna de sobrevivir.

Para que la Tierra estuviera completamente a salvo de una supernova, necesitaríamos estar a al menos 50 o 100 años luz de distancia. Pero la buena noticia es que, si el Sol explotara mañana, la onda de choque resultante no sería lo suficientemente potente como para destruir toda la Tierra.

Solo el lado que diera hacia el Sol se evaporaría instantáneamente. La otra afortunada mitad alcanzaría una temperatura 15 veces mayor a la temperatura actual de la superficie del Sol y quedaría a oscuras de manera permanente. Y sin masa solar que nos mantuviera en órbita, la Tierra probablemente comenzaría a flotar en el espacio, mientras que los habitantes restantes luchan desesperadamente por mantenerse vivos.

Existe la posibilidad de que nuestro planeta pueda entrar en órbita alrededor de otra estrella, con la misma luz y calor que nuestro Sol. Pero para cuando eso suceda, ya habremos desaparecido.

Si supiéramos de antemano el día en el que el Sol explotara, podríamos ganar hasta unos 1.000 años, siempre y cuando tuviéramos los recursos para sostenernos durante ese tiempo. ¡Y podríamos!

Pocos metros debajo del suelo, la Tierra mantiene una temperatura de unos 17 °C. Así que, si tuviéramos suficiente tiempo para prepararnos, la civilización podría seguir viviendo, al mudarse a una extensa red de búnkeres fortificados bajo tierra. Una semana después de la explosión, la temperatura de la superficie terrestre bajaría a -18 °C. En un año, las temperaturas se desplomarían a unos -73 °C.

En este punto, los océanos comenzarían a congelarse de arriba hacia abajo. En 1.000 años, la atmósfera de la Tierra se congelaría y colapsaría.

Cualquier cosa en la superficie quedaría expuesta a la radiación cósmica y a los impactos de meteoritos. Pero, con suerte, en ese momento, ya habríamos encontrado un nuevo hogar.

La buena noticia es que si el Sol explotara -algo que eventualmente sucederá- este suceso no ocurriría de la noche a la mañana. La muerte del Sol será un proceso largo, lento y complejo que se extenderá por miles de millones de años. El Sol se pondrá más caliente y brillante, y comenzará a expandirse.

Durante este proceso, perderá sus capas externas, lo que llevará a la creación de otras estrellas y planetas, justo como el Big Bang creó la Tierra. ¿Quién sabe?

Tal vez podría formarse nueva vida. ¿Te imaginas otra Tierra? ¿Una nueva especie humanoide?

Es difícil predecir cómo nuestra galaxia podría verse dentro de miles de millones de años. Y es especialmente difícil imaginar a nuestro sistema solar sin su gran ancla dorada que mantiene todo unido. Pero un día, en un futuro muy, muy lejano, el Sol se expandirá y luego se encogerá. Y, tal vez, deje espacio para que una nueva estrella tome su lugar.

Y si, milagrosamente, la humanidad todavía existiera en ese momento, ¿dónde podríamos estar viviendo? ¿Te imaginas que tus descendientes nacieran en una estación espacial?

¿Qué pasaría si el universo fuera blanco y no negro?

Si el universo está lleno de estrellas, ¿por qué no se ve blanco? Y si lo fuera, ¿cómo se vería? Esto es ¿Qué pasaría si...? Y esto es lo que sucedería si el universo fuera blanco y no negro.

Déjame explicarte algo primero. El negro no es un color, al menos en lo referente a la física. Por definición, el color es el espectro visible de las ondas de luz. Un objeto negro absorbe todos los colores en el espectro, lo que hace al negro una ausencia de todo color.

Por otro lado, el blanco es una mezcla de todos los colores y contiene todas las longitudes de onda del espectro visible. El color depende de nuestra percepción sensorial del mundo. Pero si volvemos al origen del universo, podríamos decir que alguna vez fue blanco.

Cuando el universo nació, luego del Big Bang, no había estrellas que emitieran luz. Era opaco, con una sopa caliente de protones, electrones y neutrones.

Cerca de 300.000 años después, el espacio se enfrió y esas partículas comenzaron a emparejarse en átomos y moléculas. El universo se volvió transparente. Pero para ti, se vería completamente oscuro, pues no se había formado ninguna fuente de luz. Esta fue la edad oscura del cosmos. Finalizó cuando las primeras estrellas comenzaron a fusionar el hidrógeno con el helio.

Estas estrellas eran hasta 300 veces más grandes que nuestro sol y millones de veces más brillantes. Alumbraron el universo por algunos millones de años antes de que explotaran como supernovas. La creciente radiación de esas primeras estrellas ionizó los átomos de hidrógeno.

Los dividió en protones y electrones. Y así es como el universo oscuro se iluminó, al llenarse de protones ultravioleta. ¿Y por qué no se quedó así? ¿Por qué con todas estas nuevas estrellas y galaxias nuestro cielo nocturno no sigue siendo brillante?

Si el universo luciera blanco en vez de negro, eso significaría que es infinitamente grande, infinitamente estático y con una edad infinita al mismo tiempo.

Esto lo haría un universo distinto. Sabemos que nuestro universo tiene algo menos de 14.000 millones de años. Eso puede parecer mucho tiempo. Pero recuerda que incluso la luz tiene un límite de velocidad. Solo podemos ver estrellas que están a menos de 14.000 millones de años luz de distancia de nosotros.

La luz de estrellas más distantes no ha tenido el tiempo suficiente de llegar a la Tierra. Mientras nuestro universo se siga expandiendo, la distancia entre estrellas también lo hace. Ya que las estrellas distantes se alejan de nosotros, la longitud de onda de su luz aumenta y cambia hacia rojo, hasta que se vuelva tan larga que el ojo humano no la pueda ver más.

Esa es otra explicación para el fondo negro del universo. El espacio está lleno de todo tipo de radiaciones, solo que no las puedes ver. ¿Y los agujeros negros? Bueno, incluso si una poderosa fuente de luz iluminara nuestro universo, no podrías ver ningún agujero negro. Estas regiones tienen tal gravedad que no emiten luz y, por lo tanto, no pueden ser visibles. El negro es, después de todo, la ausencia de color. Sería interesante capturar un agujero negro algún día y convertirlo en una fuente infinita de energía.

¿Qué pasaría si murieras en el espacio?

Si estuvieras expuesto a las duras condiciones del espacio, perderías la conciencia a los 15 segundos y estarías muerto entre 30 segundos y un minuto.

¿Y si llevaras un traje espacial avanzado y poderoso? Bueno, eso te daría cerca de seis horas antes de que se te acabe el oxígeno y, para entonces, ya estarías muerto.

La raza humana solo ha perdido a 18 personas en más de 50 años de exploración espacial.

Pero con los planes de llevar a civiles a los viajes espaciales e, incluso, a un trayecto a Marte, hay posibilidades de que veamos más muertes en el espacio. ¿Cómo organizaríamos un funeral en la gravedad cero? ¿Y qué complicaciones surgirían?

Cada vez que los astronautas parten hacia el espacio, la muerte es una posibilidad real. Al fin y al cabo, están atados a cohetes gigantes esencialmente. Pero debido a que los astronautas deben tener una perfecta salud para una misión, las posibilidades de que uno de ellos muera en la Estación Espacial Internacional son muy bajas.

De hecho, son tan bajas que la NASA ni siquiera tiene una política oficial para manejar una situación como esta. Según el ex astronauta Chris Hadfield, lo que se debe hacer es decisión del comandante de la Estación. El primer problema sería que no habría lugar para guardar el cuerpo, pues las estaciones espaciales no incluyen una morgue. Una solución sería mantener el cuerpo en un traje presurizado y moverlo a un lugar frío. Los cadáveres representan un peligro biológico, así que querrías mantener esas bacterias tan lejos como puedas.

¿Y si no te gusta la idea de compartir tu espacio con un cuerpo rígido?

Bueno, hay otras soluciones. En 2005, una compañía sueca propuso un sistema que, esencialmente, congela los cuerpos y los rompe en pequeños pedazos de tejido congelado, de manera similar a una cremación. Esto ocuparía mucho menos espacio, eliminaría la amenaza biológica y permitiría un retorno más fácil a la Tierra.

Si no tuvieras nitrógeno líquido en la nave para el congelamiento, la bajísima temperatura espacial lo haría por ti. De hecho, ya que lo mencionamos, ¿podríamos haber tenido la solución más obvia frente a nuestros ojos todo este tiempo?

Los marineros solían sepultar a sus muertos en el mar, así que ¿por qué los astronautas no podrían hacer lo mismo y enviar los cuerpos al espacio? En teoría, sí podrían. Pero el espacio es un lugar un poco más complicado que el mar. A menos que ataras un mini cohete al fallecido, el cuerpo terminaría siguiendo la trayectoria de la nave de la que fue expulsado. Y si lo hicieras con más de una persona, sería algo que podría hacer tu viaje de regreso a casa algo muy incómodo.

Bueno, tal vez no sea la mejor opción. ¿Y si esperáramos hasta alcanzar nuestro destino? Sepultamos a la gente en la Tierra, así que, con seguridad, podríamos hacer lo mismo en otros planetas, ¿no?

La excavación sería un poco diferente, pero ese no sería el mayor problema. Los cuerpos humanos, especialmente los que no tienen vida, están llenos de microbios y bacterias terrestres que contaminarían cualquier lugar potencialmente habitable.

Incluso las naves que exploran Marte deben ser limpiadas y desinfectadas constantemente para proteger al planeta de los invasores terrestres. Así que, la única manera segura de desechar un cuerpo allí sería a través de la cremación. Espero que esto no arruine la majestuosidad de los viajes espaciales, pero es una realidad que debemos considerar mientras avanzamos en la era de la exploración espacial.

¿Qué pasaría si la Tierra estuviera cerca de la Vía Láctea?

¿Ves esa mancha de estrellas que se extiende en el cielo nocturno?

Es la galaxia donde vivimos, la Vía Láctea. La puedes ver desde la Tierra porque vivimos en su periferia, lejos de toda la diversión que ocurre en su centro.

La Vía Láctea es inmensa, con cerca de 100.000 años luz de extensión. Tiene cuatro grandes brazos espirales que rodean su centro. Esto la hace una galaxia espiral barrada, tal como la mayoría de las galaxias en el universo observable.

Si la Tierra decidiera mudarse al corazón de la Vía Láctea, sería algo desalentador para la supervivencia de cualquier tipo de vida en el planeta. Pero no por el agujero negro supermasivo de la Vía Láctea…

La Tierra está ubicada en un barrio tranquilo de una de las estribaciones más pequeñas de la Vía Láctea: el brazo de Orión. Hay cerca de 27.000 años luz entre nosotros y el centro galáctico. Es un lugar cómodo para vivir.

Las temperaturas en la Tierra son las adecuadas para mantener la vida, y no hay muchos peligros espaciales que puedan acabar con nuestra existencia. No dije que estábamos completamente a salvo, ¿o sí?

Vivir en un lugar cercano al centro de la Vía Láctea sería... diferente. Todo dependería de qué parte de ese centro la Tierra tendría la desgracia de ocupar.

Entre más te acercas al centro de la galaxia, más juntas están las estrellas. Debido a esta alta densidad estelar, la Tierra estaría expuesta a mucha más radiación que la emitida por el Sol. Bajo estas circunstancias, las posibilidades de que surja vida son muy bajas.

Pero si la Tierra se mudara al centro de la galaxia con todos sus habitantes, quedarías en una muy mala posición. La magnetósfera terrestre no podría protegerte de la radiación espacial que llegaría de todas las direcciones. Esto podría cambiar el clima de la Tierra y provocar la muerte o la mutación de nuestro planeta.

Si sobrevivieras, tu mayor preocupación sería un encuentro cercano con una supernova.

Una supernova ocurre cuando una gran estrella explota, liberando así ondas de radio, rayos X, rayos cósmicos y rayos gamma al espacio.

Hasta donde sabemos, un cuerpo estelar gigante podría sacar a la Tierra de su órbita solar. Nuestro planeta estaría rodeado por estrellas foráneas hasta que una de ellas explote en una supernova y acabe con nosotros para siempre.

Pero sería un gran espectáculo para apreciar desde la Tierra, aunque solo por un corto periodo. Hay un peligro aún mayor en el centro de la Vía Láctea: un agujero negro supermasivo llamado Sagitario A*.

Si ser absorbido por un agujero negro no está en tus planes, considérate afortunado. La Tierra podría quedarse a una distancia lo suficientemente lejana para no ser tragada por esta bestia cósmica. Pero también podríamos estar lo suficientemente cerca para quedar atrapados en la órbita de este agujero negro.

A una distancia de 20.000 millones de kilómetros del horizonte de eventos del agujero negro, la Tierra podría desarrollar una velocidad de 25 millones de km/h, es decir, 230 veces más rápido que la velocidad actual de nuestro planeta.

Con seguridad, no sería algo bueno para ti, ni para lo que se encuentre en la superficie terrestre. La Tierra está perfectamente diseñada para permanecer donde está actualmente. Puede sobrevivir en la periferia de la galaxia, pero no querrías estar en ningún otro lugar. El sitio más peligroso para un planeta es cualquier lugar cerca al centro de la galaxia... de cualquier galaxia.

Si quieres una vista diferente, lo mejor que podrías hacer sería teletransportar la Tierra al centro de una nebulosa.

¿Qué pasaría si hubiera otra Tierra en nuestro sistema?

En 2015, Kepler, el super telescopio espacial de la NASA, descubrió la copia más cercana a la Tierra hasta el momento.

Se llama Kepler-452. También llamada "Tierra 2.0", Kepler-452 orbita una estrella de prácticamente el tamaño de nuestro sol cada 385 días. La Tierra 2.0 se localiza en una zona habitable relativa a su estrella, lo que significa que no es tan cálida ni tan fría, y probablemente también tiene una superficie rocosa. Aunque este planeta podría sin duda ser un primo de la Tierra, Pero supongamos que tuviéramos una segunda Tierra en nuestro sistema solar.

Dos planetas idénticos con, tal vez, la única diferencia entre sus respectivos habitantes. ¿Por cuánto tiempo podría extenderse este escenario? ¿Debemos temerle más a la gravedad o a una especie rival?

Si vamos a incluir otra Tierra en algún lugar de nuestro sistema solar, la mejor apuesta sería algún lugar entre nuestro planeta y Marte. La Tierra está en el borde interno de la zona habitable del sistema solar. Con Marte localizado en el borde más externo, cualquier terreno que esté más allá podría ser demasiado frío para una especie como la nuestra.

Ahora imaginemos otra Tierra que esté lo suficientemente cerca a la nuestra, por lo que sus habitantes viven cómodamente.

Bueno, Eso depende de tu definición de estable. La idea de dos planetas que comparten la misma órbita es factible, pero un escenario así no duraría para siempre. Eventualmente, la interacción gravitacional entre ambos planetas los haría colisionar. O, posiblemente, uno terminaría empujando al otro hacia el Sol, por lo que terminaríamos con solo una Tierra.

Espero que sea la nuestra. Pero no te asustes. Es posible que los dos planetas se muevan armónicamente en la misma órbita por miles de millones de años antes de que algo malo pueda pasar. Otra posibilidad sería un sistema planetario binario en el que dos Tierras de tamaño comparable podrían tener órbitas diferentes, una orbitando a la otra. Piensa en la Luna, la Tierra y el Sol. Mira cómo la Luna orbita a la Tierra, pero ¿ves cómo ambas terminan orbitando el Sol?

Pero ya que estamos hablando de dos planetas de tamaño y atracción gravitacional similares, es más probable que estas dos Tierras cambien de posición. Ya hemos visto un ejemplo de la vida real con dos de las lunas de Saturno: Epimeteo y Jano.

Cada cuatro años aproximadamente, cualquiera de las dos lunas que esté más cerca de Saturno tiene un periodo orbital más corto y alcanza a su prima. Entre más se acercan, más tira una de la otra, lo que genera que una se ralentice y la otra se acelere. La que está en la zona interior gana velocidad y se aleja, mientras la que está en la zona más exterior pierde velocidad y se acerca a Saturno.

Pero, claro, la luna más cercana a Saturno adopta un periodo orbital más corto, se acelera y alcanza a su prima en otros cuatro años. Aunque hemos visto que las lunas pueden hacerlo, aún no hemos descubierto un sistema planetario binario. Solo supongamos que así funcionaría: dos Tierras que comparten una órbita o que cambian entre dos órbitas.

Ahora, asumamos que esta segunda Tierra está habitada por formas inteligentes de vida. Han evolucionado a relativamente la misma velocidad que nuestra especie humana, Es imposible saber si nos veríamos o actuaríamos igual o si hablaríamos la misma lengua.

Planetas gemelos no necesariamente significan especies gemelas. Pero antes de que comencemos a soñar con negocios o guerras intergalácticas, deberíamos empezar con algo más simple. Por ejemplo, tratar de aprender de los otros, estableciendo comunicaciones a través de ondas de radio o satélites.

Si hablan la misma lengua, tal vez una visita amistosa no sería muy lejana. Y si no entienden nuestra lengua, sería parte de la curva de aprendizaje, pero lo lograríamos.

Piénsalo. Llevamos a un hombre a la Luna en los años 60 y hemos logrado mucho desde entonces.

¿Qué pasaría si construyéramos un planeta artificial?

¿Qué pasaría si, algún día, decidiéramos que la utilidad de nuestro planeta ha llegado a su fin y los humanos necesitáramos explorar el espacio para encontrar un nuevo lugar donde vivir? Pero, en vez de hallar un exoplaneta posiblemente habitable, similar a la Tierra, a años luz de distancia, construyéramos nuestro propio mundo artificial aquí en el sistema solar.

Los planetas rocosos, como la Tierra, nacen del material sobrante de una estrella recién formada. Comienzan como granos de polvo más delgados que un cabello humano. Luego, estos granos se fusionan en partes más grandes que chocan entre ellas hasta que, luego de unos millones de años, se convierten en un nuevo mundo.

En teoría, entendemos cómo los planetas se forman en el universo. Pero, ¿cómo abordaríamos la tarea de fabricar uno artificial?

Si los humanos fuéramos a construir una réplica planetaria y a poblarla, tendríamos que producir una roca con una atmósfera de aire respirable, con la temperatura adecuada, una gravedad similar a la de la Tierra y una órbita estable alrededor del Sol. Y esto, es solo el principio. Comenzaríamos la construcción en la zona habitable del Sol. Eso nos ayudaría a mantener temperaturas como las de la Tierra en nuestro planeta artificial. Pero, ¿dónde encontraríamos todos los materiales para construirlo?

Los asteroides podrían ser una buena fuente. El problema es que la Tierra tiene la masa de más de 2.000 cinturones de asteroides. Simplemente no hay suficientes asteroides en el sistema solar para construir un mundo nuevo del tamaño de la Tierra.

Pero podría haber suficientes materiales en la nube de Oort, una nube de desperdicios congelados que, hipotéticamente, existe en los límites exteriores de nuestro sistema solar. Pero esta nube está tan lejos que, incluso el Voyager 1, que ha estado viajando a 17 kilómetros por segundo en los últimos 41 años, no llegaría allí en otros 300 años. Y no atravesará la nube de Oort en otros 30.000.

Necesitaríamos construir una nave espacial más rápida para obtener todo ese polvo y direccionarlo correctamente. También podríamos comenzar a robarle lunas a otros planetas. Todas las lunas de Júpiter, por ejemplo, nos darían los materiales suficientes para construir un planeta con un tamaño del 7% de la Tierra.

Ese sería un buen comienzo si pudiéramos lograr sacarlas de la órbita de Júpiter. Sería necesario construir un mundo tan grande como la Tierra para replicar la misma fuerza de gravedad que sentimos actualmente. Si pudiéramos comprimir un décimo de la masa de la Tierra en una esfera del tamaño de la Luna, tendría el mismo efecto.

Aun así, nos llevaría al menos cientos de años finalizar la construcción. Cuando todos los problemas de ingeniería sean resueltos y nuestro planeta artificial recién formado sea puesto en órbita alrededor del Sol, llevaríamos algo de agua.

La dejaríamos evaporarse para crear una atmósfera. Incluso podríamos inyectar una cantidad del dióxido de carbono emitido por las industrias contaminantes en la Tierra. Luego, llevaríamos las plantas. Estas lentamente generarían oxígeno en la atmósfera a través de la fotosíntesis.

Finalmente, luego de milenos de construcción, las primeras colonias humanas tocarían suelo en el nuevo planeta terrestre hecho por el hombre. Aunque sería más pequeña, la réplica de la Tierra no sería muy diferente a la original.

Las temperaturas similares a las terrestres y la gravedad nos harían sentir como en casa. Pero no sería tan estable como la Tierra. Nuestro mundo artificial requeriría un mantenimiento activo, desde el ambiente hasta los parámetros de órbita. Hoy es mucho lo que aún no sabemos sobre el universo y solo podemos suponer cómo se formaría un nuevo planeta en él. En este punto, sería más fácil terraformar un planeta existente, en vez de construir uno totalmente nuevo.

¿Qué pasaría si pudiéramos construir un disco de Alderson?

Este no es un DVD que flota en el espacio. Es una mega estructura que, algún día, podría convertirse en el hogar de la humanidad. Puede que la Tierra no siga siendo habitable por siempre. Podría ser arrasada por una gran tormenta solar, volverse muy caliente debido al cambio climático, o quedar sin vida alguna por el impacto de un enorme asteroide.
¿Y si te dijera que podrías sobrevivir a todos estos desastres y que podríamos hacerlo al construir una mega estructura espacial más grande que el mismo Sol?
Si pudiéramos hacerlo ¿por qué colonizaríamos planetas inhabitables para construir nuestro propio hábitat? Sería un lugar que albergaría miles de millones de humanos del futuro sin preocuparnos por el espacio.
Solo que tiene la masa de 3.000 soles. La razón por la que necesitaríamos que un disco de Alderson tenga tal masa es la gravedad. Todos los objetos con masa se atraen gravitacionalmente unos a otros. Y los objetos con una mayor masa tienen una fuerza gravitacional mayor.
Para que el disco de Alderson sea lo suficientemente estable para albergar vida, necesitaríamos que tuviera una fuerza mayor a la que ejerce el Sol.

Ahí es donde se complica el asunto, pues el Sol es el objeto de mayor masa en el sistema solar, con el 99.8% de su masa total. Conseguir suficiente material para sobrepasar la masa del Sol requeriría la destrucción y recolección de cada planeta, luna y asteroide en un radio de cientos de años luz.
O podríamos darle gravedad artificial a nuestro disco de Alderson. Este tipo de gravedad no es generada por la atracción, sino por la aceleración o la fuerza centrífuga.
En otras palabras, tendríamos que hacer girar a nuestro disco lo suficientemente rápido para que no termine como una dona o sea consumido por el Sol. Pero ya que no hemos descifrado aún la gravedad artificial, quedémonos con la primera opción y hagamos un gran disco de Alderson de 241 millones de kilómetros de ancho.
Esto haría que se extendiera más allá de la órbita de Marte. También tendría algunos miles de kilómetros de grosor y un área superficial equivalente a más de mil millones de Tierras. Solo imagina cuántos miles de millones de humanos podrían vivir allí. ¡Pero, espera! Nuestro disco de Alderson no sería habitable en toda su extensión. Y antes de que te explique por qué, déjame hablarte del Sol por un momento.
Nuestro sol estaría estacionado en el agujero del centro del disco. Debido a esto, nuestro disco no tendría un ciclo de noche y día, solamente un crepúsculo eterno. Pero ya que nuestro disco tendría una masa y una fuerza gravitacional mucho mayor, hay posibilidad de que el Sol se tambalee hacia arriba y hacia abajo. Esto, de alguna manera, solucionaría nuestro problema de la noche y el día, pero también incrementaría la probabilidad de una colisión con nuestra estrella.
Podríamos tener que instalar láseres de rayos gamma para tener un mayor control del movimiento del Sol.
Aun así, nuestro mundo con forma de disco necesitaría muchas más cosas para volverse un lugar apropiado para la vida. Y una de las cosas más importantes es la atmósfera.

En la Tierra, la atmósfera nos protege de la dañina radiación ultravioleta, reduce las temperaturas extremas y crea la presión que permite la existencia del agua líquida. Necesitaríamos una atmósfera para hacer lo mismo en nuestro disco de Alderson.

Y para evitar que el Sol se la robe, tendríamos que construir una barrera alrededor del borde interno del disco. A diferencia de la Tierra, el disco de Alderson no tendría metal líquido en su núcleo que le proporcione una magnetósfera. El campo magnético es importante porque evita que los vientos solares despedacen la atmósfera. Sin él, el viento solar erosionaría la parte del disco más cercano al Sol.

Esto podría hacer perder estabilidad a la estructura y, posiblemente, destruirla por completo. Una vez que encontremos una manera de crear una atmósfera y un campo magnético, podríamos llevar agua. Haríamos orificios en el disco para permitir que se creen océanos. Debido al comportamiento de la gravedad en el disco de Alderson, el agua podría estar suspendida. Los océanos en la estructura con forma de disco, literalmente, no tendrían fondo. Por las mismas razones asociadas a la gravedad, los humanos podrían vivir en la parte superior o en la parte inferior del disco.

Y aquellos que vivieran en la parte inferior no sentirían que están caminando boca abajo. Sería igual en cada lado. Pero claro, esta mega estructura espacial podría tener algunas fallas. Debido a la gran masa del disco, su gravedad podría convertirlo en un toro gigante o, aún peor, en un agujero negro.

Y también están los asteroides. Aunque hemos usado todos los asteroides cercanos para formar nuestro disco de Alderson, no hay garantía de que otras rocas espaciales interestelares no llegaran a bombardear nuestro nuevo mundo.

Y no solo hablamos de asteroides, sino de planetas interestelares. Incluso el más leve golpe podría desestabilizar al disco y sumergirlo directamente en el Sol.

Hablando del Sol ¿recuerdas que dije que no toda la extensión del disco de Alderson sería habitable?

Es porque el Sol no calentaría al disco de manera uniforme. La parte interna del disco sería muy caliente. Para soportar tal calor, tendríamos que darle al disco un escudo, justo como el que desarrollamos para la sonda solar Parker. Los bordes exteriores del disco serían extremadamente fríos. Pero la zona media de la estructura sería perfecta para la vida. Aunque habría mucho espacio inutilizado, el área habitable aún sería 50 millones de veces mayor a toda la superficie de la Tierra.

Una bandeja gigante con un grosor de varios miles de kilómetros podría no sobrevivir en el espacio.

¿Qué pasaría si a Tierra fuera una luna de Júpiter?

¿Qué pasaría si moviéramos la Tierra a su órbita? ¿Cómo la súper gravedad de Júpiter afectaría nuestras vidas? ¿Y por cuánto tiempo podríamos sobrevivir en un planeta congelado, lleno de volcanes?

Cuando te encuentras a un viejo amigo en el lugar menos esperado, te das cuenta de que vives en un mundo pequeño. Cuando descubres que Júpiter puede albergar hasta 1.300 Tierras, te das cuenta de que es un mundo diminuto.

Imagina esto. Si la Tierra fuera del tamaño de una uva, Júpiter tendría el tamaño de una pelota de básquetbol. Tenemos una sola luna. Júpiter tiene 79 y contando.

Orbitarlo sería un sueño para todos los usuarios de Instagram.

Pero, en este caso, una foto no hace que dure más, cuando cada día es una lucha por sobrevivir. Es una fría, muy fría mañana. Y esto ocurre porque Júpiter está a 778 millones de kilómetros del Sol. Esto representa 25 veces menos luminosidad y 25 veces menos calor del que podemos disfrutar en este momento en la posición actual de la Tierra.

Por fortuna, el Sol es súper brillante, así que aún tendríamos luz de día. Pero si comparáramos a la Tierra con, la luna de Júpiter más cercana, los días tendrían una duración de alrededor de 40 horas.

Claro, eso no importaría mucho, pues si nacieras en la luna terrestre de Júpiter, probablemente habrías crecido sin conocer la luz del Sol.

La fuerza gravitacional de las otras lunas cercanas de Júpiter y del planeta en sí generarían fuerzas de mareas extremas. Estas, de hecho, causarían mucho calor en nuestro planeta-luna, pero solo internamente.

Sí. Así es como terminarías en un mundo donde si el frío no te mata, podría hacerlo un terremoto, un tsunami o una erupción volcánica. Bueno, es eso o terminarías cocinado hasta morir. El campo magnético de Júpiter es diez veces más fuerte que el de la Tierra, lo que significa que emite un millón de veces más radiación. Así que, si quieres tener una vida funcional en la luna terrestre de Júpiter, vivir bajo tierra es tu mejor opción.

Un año en la Tierra es un mes en Júpiter. Le toma a este planeta 12 años dar una vuelta al Sol. Cada mes, Júpiter es impactado por entre 12 a 60 cometas o asteroides. Ya sean pequeños o gigantes, estos impactos tienen graves consecuencias, debido a que la fuerza gravitacional de Júpiter acelera estos objetos hasta que chocan a una velocidad mínima de 216.000 kilómetros por hora. Si la Tierra se convirtiera en una de las lunas de Júpiter, estaríamos en la línea de fuego.

Al ser un planeta mucho, mucho más pequeño, tenemos menos probabilidades de absorber estos impactos. Hiciste bien al irte bajo tierra, pero no hay ningún lugar a dónde ir cuando un asteroide de gran tamaño arrasa con tu hogar.
Bueno, gracias por jugar. Más suerte para la próxima.
¿Qué esperabas? ¿Pelar una uva contra una pelota de básquetbol? Eso es muy cruel. Aun así, te damos puntos por tu estilo, tu valentía y, sobre todo, por tu curiosidad.

¿Qué pasaría si nos vamos a vivir a Marte?

Se habla mucho de colonizar Marte. Pero, ¿qué pasaría si ya lo hubiéramos logrado y ya hubiera humanos viviendo en el Planeta Rojo?
¿Alguna vez quisiste abandonar la Tierra?
Bueno, podrías considerar a Marte, el cuarto planeta. Puede estar a solo 56.000.000 de kilómetros o tan lejos como 401.000.000 de kilómetros de nosotros. Incluso, si fueras en la nave espacial más rápida alguna vez inventada, llegar a Marte te tomaría desde 9 meses y medio hasta 40 años, dependiendo de la posición de ambos planetas.
Luego de pasar todo ese tiempo en el espacio, finalmente verías a este planeta seco y sin vida en el horizonte. ¿Podrías sobrevivir allí? ¿Qué necesitarías para hacerlo?
En primer lugar, tendrías que averiguar cómo producir oxígeno para respirar. La atmósfera de Marte es muy delgada y está compuesta en un 95% por dióxido de carbono. No podrías llevar todo el oxígeno que necesitas para vivir, pero podrías extraerlo del CO2 con máquinas como "MOXIE", de la NASA.
No solo podría darles a ti y a los otros colonizadores suficiente aire para respirar, sino que te proporcionaría oxígeno líquido.

Eso es lo que necesitas para impulsar un cohete desde Marte, si decidieras retornar a la Tierra.

No hay suelos fértiles en Marte para cultivar. Pero puedes usar cultivos hidropónicos para tus alimentos. Crecen en una superficie con minerales y nutrientes, y no necesitas tierra. Claro, sin agua en la superficie, tu colonia solo podrá cultivar el 20% de los alimentos que necesitaría. El resto debe ser enviado desde la Tierra.

No esperes recibir carne fresca, pues toda la comida sería deshidratada. Probablemente vivirías en edificios inflables presurizados, junto a otros colonizadores. Pero es más probable que lo hagan bajo tierra. Ya que Marte no tiene campo geomagnético global y su atmósfera es muy delgada, los niveles de radiación en la órbita son 2.5 veces mayores a los que recibe la Estación Espacial Internacional.

Es demasiada radiación solar para que un humano la soporte. Y olvídate del bronceado. El sol se vería la mitad de grande al que ves en la Tierra. Pero si quieres salir y volver con vida, necesitarías un traje espacial para compensar la poca presión atmosférica existente y bloquear la radiación.

Tu traje también te mantendría caliente, algo muy importante si consideramos las bajísimas temperaturas de Marte. El invierno más frío en la Tierra es cálido si lo comparamos con el invierno marciano promedio.

Las temperaturas alcanzarían los -55 °C e incluso menos en los polos, donde caerían hasta los -153 °C. Un día en Marte es 40 minutos más largo que en la Tierra. Pero un año dura casi el doble. Si vivieras en el hemisferio norte, disfrutarías de siete meses de primavera y seis meses de verano. También un otoño de 5 meses y otros cuatro de invierno. Y no solo son bajas las temperaturas, sino que pueden cambiar radicalmente en una sola semana.

Estas variaciones frecuentemente generan poderosas tormentas de arena. No te harían daño, pero sí afectarían tus dispositivos electrónicos.

Recuerda, además, que la gravedad en Marte es un tercio la de la Tierra. Necesitarías aprender a caminar de nuevo. ¿Aún quieres mudarte al planeta rojo? Bueno, tus posibilidades mejorarán cuando las primeras colonias humanas comiencen a terraformar el planeta, para así hacerlo más similar al nuestro.

Importarían amoniaco congelado de las atmósferas de otros planetas para calentar un poco a Marte. El calor convertiría el hielo seco del polo norte marciano en gas y le daría al planeta una atmósfera propia.

Aunque irrespirable, sería suficiente para crear la presión atmosférica necesaria para que te puedas quitar el traje espacial. Luego, extraerían agua de las amplias reservas del líquido congeladas bajo la superficie de Marte. El vapor de agua haría cada vez más gruesa a la atmósfera.

Eventualmente, verías lluvias y nieve en Marte. Y tal vez cien años después, habría suficiente oxígeno para que los humanos respiren. La reingeniería del planeta sería completada. ¿Vivir en Marte es algo que te gustaría intentar? ¿O prefieres conservar lo que ya tenemos aquí en la Tierra?

¿Qué pasaría si viajaras a los anillos de Saturno?

Desde su descubrimiento en 1610 por Galileo, los anillos de Saturno nos han encantado durante siglos. Aunque no lo creas, ya hemos visitado Saturno. Impresionantes fotografías tomadas por la sonda espacial Cassini revelaron que los anillos de Saturno son mucho más complejos de lo que pensábamos.

Entonces ¿cómo sería realmente ir en persona a este planeta?

El 15 de octubre de 1997, la NASA, la Agencia Espacial Europea y la Agencia Espacial Italiana se unieron para cambiar la historia de la astronomía. Su misión era estudiar el sistema de Saturno, una mezcla de objetos estelares formada por rocas, hielo y varias lunas. Juntos desarrollaron la sonda espacial que fue enviada a un viaje de siete años a Saturno.

Imaginemos que tuviéramos la tecnología para llevarte en este viaje. ¿Para qué clase de aventura te apuntaste?

Bueno, por suerte, estamos tomando la ruta escénica. Después de un año de vagar por el espacio y despedirnos de la Tierra, nuestra primera parada es Venus. No te preocupes. No es una escala, solo estamos visitando el borde exterior de la órbita de Venus, dándole a tu nave un aumento de velocidad gravitacional mientras pasas por allí. Esto te permitirá ahorrar combustible y disfrutar del paisaje de Venus. Después de la primera órbita, obtendrás un buen aumento de velocidad de 7 kilómetros por segundo. Pero necesitaremos un recorrido más para obtener un impulso óptimo. Esta vez, estaremos a unos 600 kilómetros de Venus. Espero que aguantes la emoción, querido viajero, pues la fuerza gravitacional podría sentirse como esa vez que comiste churros antes de subirte a las atracciones de la feria.

Después de un giro rápido alrededor de Venus, serás impulsado hacia Marte y Júpiter. Pero esta parte del viaje puede ponerse un poco agitada, así que abróchate el cinturón. Estás a punto de pasar a través de un cinturón de asteroides. Afortunadamente, las posibilidades de chocar con un asteroide son bastante escasas, ya que están muy separados, a diferencia de lo que hemos visto en las películas.

Aun así, nunca se sabe. Sólo prepárate para tomar el control manual en caso de que tus sensores de proximidad no funcionen correctamente. Una vez que hayas logrado atravesar esta zona aterradora, la navegación es mucho más fluida de aquí en adelante. Siéntate y admira la vista.

A tu derecha, a lo lejos, verás el planeta rojo, Marte. Y a tu izquierda, está Júpiter. ¡Mira! Ese punto brillante y diminuto que orbita al gigante gaseoso, es un pequeño recordatorio de tu hogar. En este punto, han pasado casi cinco años.

¡Cómo vuela el tiempo cuando estás en el espacio! Saturno es nuestra próxima parada. Pero ¿es un lugar seguro? Estamos a punto de averiguarlo. Después de esperar un par de años más, resolver muchos Sudokus y volver a ver todos tus videos favoritos, finalmente has llegado a la órbita de Saturno.

Sorprendentemente, la estructura plana y sólida de los anillos que habías visto en imágenes no era exactamente real.

Estos anillos son sistemas complejos de órbitas, subdivididos en varias secciones. Cada uno de estos anillos está separado por espacios equivalentes a más de 60 lunas de Saturno. Los anillos se componen de trozos de hielo y roca, algunos tan pequeños como diminutas piedras y otros tan grandes como una casa. Son los restos de cometas, asteroides, meteoroides y lunas destrozadas por la gravedad de Saturno.

Bueno, querido viajero, es hora de una caminata espacial. Probablemente no tendrás mucho éxito al caminar sobre los anillos de Saturno, a menos que aterrices en una de sus lunas: considerada un hogar potencial para una futura colonia espacial.

Querrás mantener tu traje espacial puesto, pues Titán tiene una temperatura de -179.6 °C. En este punto, estás casi al doble de la distancia entre la Tierra y el Sol. Ahora llega el momento de la verdad.

A medida que nos acercamos a los últimos anillos de Saturno, tendremos que atravesarlos en una trayectoria cuidadosa, orbitando Saturno 22 veces para obtener las mejores tomas del viaje. Aquí, estarías a solo 2.000 kilómetros de la atmósfera de Saturno. Después de unos 20 años en el espacio, finalmente llegarías al interior del planeta. Seamos honestos, es probable que te desintegres.

Pero, afortunadamente, fuiste cuidadoso, lograste quedarte en Titán y dejaste que la sonda Cassini hiciera el resto del trabajo. La cantidad de datos que Cassini logró enviar de vuelta a la Tierra es verdaderamente fascinante, lo que la convierte en una de las mayores historias de éxito de la astronomía.

¿Qué pasaría si tuviéramos tecnología de desplazamiento por curvatura?

Si pudieras viajar más rápido que la velocidad de la luz, ¿a dónde irías?

Hasta donde sabemos, nada puede viajar más rápido que la luz. La velocidad de la luz parece ser el límite universal para todo lo que se mueve en el espacio. A menos que construyéramos una nave espacial capaz de distorsionar el espacio-tiempo. Una nave equipada con desplazamiento por curvatura.

Esta nave estaría protegida por un gran anillo que comprimiría el espacio-tiempo en frente de la nave y lo expandiría en su parte trasera. No sería una nave espacial que se mueve en el límite de velocidad cósmico. Sería el mismo espacio-tiempo que se desplaza alrededor de la nave espacial.

Una vez descifremos este método de propulsión, podríamos comenzar nuestra conquista espacial.

¿Qué tan lejos en la vasta extensión del Universo podríamos llegar?

Si el empuje por curvatura pudiera acelerar nuestra nave a una velocidad 10 veces mayor a la velocidad de la luz, podría llevarnos a Marte en solo 75 segundos. Incluso tomaría menos tiempo en llevarnos de la Tierra al Sol, cerca de 50 segundos de viaje para tener a nuestra estrella justo en frente.

Desde allí, podríamos propulsarnos a los límites internos de la nube de Oort, la primera parte del borde de nuestro sistema solar. A una velocidad 10 veces superior a la de la luz, llegaríamos allí en 72 días. 83 días después en el espacio, llegaríamos a Alfa Centauri, un sistema estelar que alberga un exoplaneta potencialmente habitable.

Nuestra primera colonia interestelar se instalaría en Próxima Centauri, pero la humanidad no detendría allí su exploración. Nuestra próxima parada sería en Gliese 667c, una versión de la Tierra más grande y cálida a 23.5 años luz de distancia. Puede que este exoplaneta no resulte ser muy hospitalario, pero valdría la pena enviar un equipo a un viaje de 4 años y medio, ida y vuelta, para comprobarlo.

Otras naves tripuladas podrían viajar a Kepler 442b y Kepler 452b, los siguientes exoplanetas en nuestra lista de mundos potencialmente habitables. Estas naves tendrían que ser más rápidas, a menos que quisieran pasar 120 años en el espacio para cubrir una distancia de más de 1.200 años luz. A una velocidad mil veces mayor a la de la luz, solo necesitarían 437 días para alcanzar estos exoplanetas. Sí, incluso sobrepasando el límite de la velocidad de la luz, aún tendríamos que pasar años viajando a través del espacio en busca de otros planetas habitables y de sus habitantes, si es que hay alguno.

El universo es grande, muy grande. Y sigue expandiéndose. Nunca podríamos alcanzar su límite, incluso con tecnología funcional de desplazamiento por curvatura. Para cruzar nuestra galaxia, la Vía Láctea, de extremo a extremo, debemos recorrer una distancia de 200.000 años luz. Incluso si alcanzáramos una velocidad de un año luz por hora, nos tomaría 22 años alcanzar la esquina más lejana de nuestra propia galaxia. Volvamos a la Tierra por un momento. La sonda espacial más rápida que hemos creado es 90 millones de veces más lenta que nuestra nave espacial hipotética, que viaja a la velocidad de la luz.

Nos queda aún un largo camino para alcanzar el nivel de viajes interestelares de Star Trek. Y no olvides que usar la tecnología de empuje por curvatura requeriría una cantidad enorme de energía. Tal vez deberíamos empezar a invertir nuestros recursos en la construcción de una esfera de Dyson alrededor de nuestro sol para suplir nuestra demanda de energía de una vez por todas.

¿Qué pasaría si pudieras nadar en los lagos de Titán?

Titán, la luna más grande de Saturno, es única. Tiene su propia atmósfera. Y no sólo eso, sino que es el único planeta o luna diferente a la Tierra que tiene cuerpos líquidos en su superficie.
Titán es la segunda luna en tamaño de todo nuestro sistema solar. Es más grande que nuestra Luna e incluso más grande que Mercurio. A pesar de ser tan inmensa, Titán tiene una fuerza gravitacional débil. Digamos que pesas 70 kilogramos aquí en la Tierra. En Titán, solo pesarías 10 kilos.
Infortunadamente, esto significa que no harás clavados épicos en los lagos de Titán. Si pudieras encontrar un acantilado para saltar, te llevaría bastante tiempo alcanzar la superficie del lago. Pero una vez llegaras, caerías hasta el fondo extremadamente rápido. Te costaría mucho mantener la cabeza a flote por el metano y el etano líquido que se encuentra en los lagos de Titán.
La densidad del metano líquido es mucho, mucho menor a la del agua, así que flotarías muy poco. Nadar en la Tierra es fácil porque los humanos no son tan densos como el agua. Cuando estamos en una piscina, pesamos menos que la cantidad de agua que desplazamos.
La fuerza del agua que nos empuja nos ayuda a mantenernos a flote.

En los lagos de Titán, tu cuerpo sería mucho más denso que el metano líquido en el que intentaras nadar. Sentirías como si fueras de piedra. En la superficie del lago, el metano líquido luciría completamente claro, pero no podrías ver hasta el fondo, debido a las rocas oscuras y a la atmósfera espesa de esta luna.

De hecho, Titán recibe sólo el 1% de la luz solar que recibimos en la Tierra. Es importante que sepas que no llegarías muy lejos sin usar un traje espacial con características especiales. Tendría que ser lo suficientemente resistente como para soportar los gélidos -178°C de la superficie de Titán. También necesitarías que el traje te protegiera de la falta de oxígeno, de los niveles mortales de nitrógeno y de las precipitaciones con un líquido similar a la gasolina.

Bueno, retrocedamos un poco. Estarías bajo el agua o, más bien, bajo el metano líquido. Para volver a la superficie, desde el fondo del lago, tendrías que nadar hacia arriba hasta 200 metros. Una vez que llegaras a la superficie, rápidamente te darías cuenta de lo inmenso que es el lago en el que estás. Este es el mar de Kraken, con 400.000 kilómetros cuadrados.

Si hacemos una comparación, es más grande que el mar Caspio, el lago más grande de la Tierra. Y más grande que todo Japón. Si no te gusta este lago, tienes otros 50 para elegir, dependiendo de la vista en la que estés interesado.

Infortunadamente, no se puede surfear en estos lagos. No encontrarás ninguna ola en Titán, ya que su baja gravedad impide que se produzcan.

Así que, al final, no sería un gran día en la playa. Nadar en estos lagos sería bastante complicado y algo no muy divertido. Además, lo más seguro es que no puedas relajarte en la orilla o broncearte.

Tal vez no sea el mejor lugar de vacaciones, pero no puedes negar que la vista es espectacular.

¿Qué pasaría si pudiéramos construir la Estrella de la Muerte?

No es una luna. Es una estación espacial. El tipo de nave enorme que acaba con planetas, diseñada con un solo objetivo: poner orden en la galaxia. Es la superarma imperial de la Guerra de las Galaxias, la Estrella de la Muerte.
Tengo un mal presentimiento. Pero, el Imperio tardó 19 años en construir su primera Estrella de la Muerte, así que será mejor que comencemos. No hay claridad sobre qué tan grande era la Estación de Batalla Orbital DS-1.
Las estimaciones varían entre 120 y 160 kilómetros de diámetro. Es sustancialmente más pequeña que, digamos, nuestra Luna. Pero, en comparación con algunas de las lunas más pequeñas del sistema solar, es enorme. Y sólo necesitaríamos una cosa para construirla. Los grandes proyectos cuestan mucho dinero. En este caso, estamos hablando de 852.000 billones de dólares. 852 con 15 ceros a la derecha.
Y eso es sólo el costo de la construcción. Una vez que la Estrella de la Muerte esté lista, mantenerla en funcionamiento no sería más barato. Ya sea un arma u otra cosa, esta estación espacial requeriría 1.7 millones de empleados para atender las tiendas minoristas de la estación y las cafeterías para los soldados.
Añade 25.984 soldados de asalto y 342.953 soldados de la Armada Imperial. Así tendrás a las 2.068.937 personas viviendo a bordo de la Estrella de la Muerte. Si cada persona en la Estrella de la Muerte creara 1,13 kilogramos de residuos cada día, costaría 56.925 dólares diarios evitar que la Estrella de la Muerte se convierta en un vertedero. Eso no incluye a las personas que cayeron en un compactador de basura y que no fueron capaces de salir.

La factura diaria de electricidad sumaría 52.000 millones de dólares. 274.000 para alimentar a la tripulación, con otros 20.400 para suministrar té o café, y 233.000 dólares por un ciclo de lavado. No esperas que tus soldados circulen con su ropa interior sucia ¿verdad?

El total para mantener la Estrella de la Muerte en funcionamiento ascendería a 7.8 octillones de dólares, Es más dinero del que tenemos actualmente aquí en la Tierra. Y no incluye el costo de una sola explosión del super láser.

Sería un octillón de dólares más. ¿Aún tienes ganas de disparar láseres a los planetas?

Bien, entonces hablemos de cómo podrías construir la Estrella de la Muerte. Ya sabes que costaría 852.000 billones de dólares. Primero, necesitarías el núcleo de un reactor de hiper materia. No vamos a profundizar en los detalles de su funcionamiento. Solo supongamos que ya viene con uno. Construirías cuatro pozos de reactor, todos unidos a lo largo del ecuador de la nave, así como una gran columna que se extiende de arriba a abajo.

Esta columna ayudaría a distribuir la energía y también actuaría como un estabilizador de la estación. Este mega proyecto requeriría mucho acero. Según cálculos, la Tierra tiene suficiente hierro en su núcleo para proveer material suficiente para dos millones de Estrellas de la Muerte. Pero no querrías sacrificar a nuestro planeta por un ejército de armas mortales ¿verdad?

Incluso, si retiraras solo la cantidad de hierro necesaria para una Estrella de la Muerte, tomaría más de 830.000 años producir suficiente acero para que pudieras comenzar la construcción. Se necesitarían millones de lanzamientos de cohetes para llevar el acero a donde tuviera que ir.

Para cuando la construcción de la Estrella de la Muerte haya terminado, la atmósfera podría estar tan contaminada que nos veríamos obligados a abandonar la Tierra y a huir hacia otro planeta.

No podemos alejarnos demasiado de nuestro planeta, pero definitivamente no quieres que esa cosa esté en la órbita baja de la Tierra.

Hay demasiadas posibilidades de que caiga en nuestro planeta. Podrías empezarla a construir fuera de la atmósfera terrestre. Sólo asegúrate de no destruir accidentalmente el planeta con el super láser.

Hablando de disparos de láser, bueno, en realidad, la luz no se comporta de esa manera. Seguiría moviéndose hacia donde fue disparada. "Disculpas por los problemas que causé."

Por cierto, destruir un planeta del tamaño de la Tierra requeriría mucha energía. Tendrías que pasar una semana recogiendo toda la energía del Sol, antes de poder encender la Estrella de la Muerte. Y espero que no estés cerca del haz de luz cuando lo dispares.

Tanta energía a tu lado, incluso si no va hacia ti, haría que te evaporaras en cuestión de segundos. Y también está el culatazo. La tercera ley del movimiento nos enseña que cada acción tiene una reacción igual y una opuesta.

Esto significa que, si aplicaste un golpe grande como para destruir un planeta, usando la energía del Sol, la Estrella de la Muerte podría salir en la dirección opuesta a una velocidad de 77 kilómetros por segundo. A menos que tuvieras un dispositivo antimateria a bordo de la Estrella de la Muerte.

La antimateria es materia, pero con la carga eléctrica invertida. Cuando la antimateria se encuentra con la materia, las dos se destruyen mutuamente. Por esta razón, solo necesitarías 0.00000002% de la masa del planeta objetivo en antimateria para que ese planeta termine convertido en basura espacial.

En este caso, el culatazo sería casi imperceptible. Pero será mejor que no apuntes con la Estrella de la Muerte a un planeta del sistema solar.

Hay un mejor uso para esta arma. Podría utilizarse para acabar con cualquier asteroide que pudiera poner en riesgo a nuestro planeta. Aunque un orbe como este podría estar un poco sobrecalificado para el trabajo.

Al menos, cuando un asteroide interestelar venga hacia nosotros, estaríamos listos para desmoronarlo antes de que nos destruya.

Construir la Estrella de la Muerte sería un proceso muy largo y costoso. Lo hagas o no, no hay vuelta atrás. Tal vez deberías perdonarle la muerte a la Tierra y guardar el arma más mortífera de la galaxia para usarla contra los alienígenas enojados que podrían venir a visitarnos algún día.

¿Qué pasaría si construyéramos una esfera de Dyson alrededor del Sol?

¿Qué tal si pudiéramos construir una mega estructura capaz de aprovechar toda a energía del Sol? Es algo conocido como la esfera de Dyson.

La idea de una esfera de Dyson fue... bueno, robada de los extraterrestres. En 1960, el astrofísico Freeman Dyson lanzó una teoría sobre otra civilización que halló la manera de satisfacer su creciente demanda de energía y espacio. Ellos reorganizaron su sistema solar. Esta avanzada civilización hipotética construyó una esfera hueca alrededor de su propio sol que les proporcionó una increíble cantidad de energía y espacio habitable.

¿Qué tal si nos pusiéramos a construir una estructura espacial de este nivel?

En teoría, si construyéramos una esfera de Dyson, tendríamos acceso a unos colosales 400 cuatrillones de vatios de energía solar. Eso es mil billones de veces más de la energía que consume actualmente toda nuestra civilización. El problema es que no hay un material conocido suficientemente resistente para soportar la radiación espacial. Incluso, si creáramos uno en grandes cantidades, un leve cambio en la fuerza gravitacional del Sol haría de la esfera sólida un lugar inhabitable.

Sin mencionar que sería completamente inestable. Cada impacto de meteorito enviaría una parte de la esfera hacia la estrella. Pero todos estos problemas pueden ser resueltos con un ajuste simple. En vez de construir una esfera de Dyson sólida, podríamos construir un enjambre de Dyson: un sinnúmero de recolectores solares con órbitas individuales alrededor del Sol.

Comencemos con una pequeña estación. Una que es capaz de proporcionar la energía necesaria para toda la construcción del proyecto. Comenzaríamos en Mercurio. Se convertiría en nuestra mina espacial para el hierro y el oxígeno que necesitaríamos. Con estos elementos produciríamos recolectores solares altamente reflectivos.

Los espejos gigantes reflejarían la luz hacia una pequeña planta de energía solar. Desde allí, enviaría la energía a donde la necesitemos. Probablemente acabemos con todo Mercurio antes de mudarnos a Venus, Marte y otros planetas. Incluso demoleríamos asteroides cercanos. Aunque si solo extirpáramos todo lo que nos puede dar Mercurio, tendríamos la energía suficiente para alimentar nuestros supercomputadores e impulsar la exploración interestelar.

Tal vez podríamos construir oasis similares a la Tierra, grandes colonias espaciales rotatorias en la zona habitable de nuestro sistema solar. Y, quizás, si tuviéramos suerte, encontraríamos otras fuentes de energía más eficientes que nos ayuden a dominar los viajes espaciales.

¿Qué pasaría si la vida extraterrestre fuera a base de silicio?

Hay miles de millones de planetas en el universo que, en teoría, pueden albergar vida. Pero, hasta ahora, no hemos descubierto extraterrestres. Tal vez la razón sea que hemos estado buscando en los lugares equivocados.

¿Y qué tal si la vida alienígena no es como la vida que conocemos?

Hay algo que tu ADN, un diamante y un pato de hule comparten. Todos están hechos de carbono. El carbono es uno de los elementos más abundantes en el universo.

En la Tierra, es también la estructura primaria de toda nuestra vida. El carbono es tan especial porque sus átomos pueden hacer cuatro enlaces con otro elemento: el oxígeno. Forman largas cadenas de átomos llamadas polímeros. Pero hay otro elemento que puede hacer el mismo truco: El silicio no solo es químicamente similar al carbono, sino que hace parte de la lista de los elementos con mayor presencia en el universo.

El silicio podría ser, potencialmente, una de las estructuras esenciales de la vida orgánica extraterrestre. Y podríamos encontrar ese tipo de vida en nuestro sistema solar.

Uno de los candidatos que podría albergar vida extraterrestre a base de silicio se esconde entre las lunas de Saturno. Titán, la más grande de ellas, tiene una atmósfera de 95% nitrógeno y 5% metano. No tiene oxígeno y el agua que contiene es sólida y congelada, pues Titán recibe solo un 1% de la luz solar que recibe la Tierra.

Pero las formas de vida basadas en silicio no necesitarían agua. Podrían usar el metano líquido como elixir galáctico para su existencia. La falta de oxígeno también sería esencial para que este tipo de vida surja. Aquí te explicamos por qué.

Cuando el carbono se une al oxígeno o se oxida, como ocurre durante un incendio, se vuelve un gas: el dióxido de carbono.
Pero cuando el silicio se oxida, se convierte en dióxido de silicio o sílice, que es un sólido, no un gas. Si Titán tuviera oxígeno en su atmósfera, el silicio inmediatamente se convertiría en roca y no sería posible que la vida comenzara en ese estado. Pero la atmósfera de Titán no contiene oxígeno, lo que le da una oportunidad de surgir a la vida a base de silicio.
Lo más seguro es que, si hay vida a base de silicio en el espacio, esta exista en forma de microbios y no con el tamaño de los organismos animales que puedes ver a simple vista. Los científicos generalmente están de acuerdo con que cualquier vida a base de silicio necesita un intenso calor para sobrevivir.
Así que, con seguridad, tendrías que cavar profundamente bajo la superficie de Titán para hallarla. Debido al frío extremo en su superficie, un ser viviente podría estar cerca del núcleo de Titán, donde hay suficiente calor. Ten en cuenta que hay más planetas. Algunos podrían tener las condiciones adecuadas para que prosperen tipos de vida no basados en el carbono. Ya que el silicio no se la lleva bien con el oxígeno, los procesos metabólicos de un organismo a base de silicio serían completamente diferentes a los nuestros.
Desconocemos si realmente son posibles, pues no sabemos si cualquier ser a base de silicio tendría o no un ADN. Tal vez no deberíamos intentar aplicar nuestra ciencia a la vida extraterrestre cuando ni siquiera la hemos hallado y ni hemos explorado otros planetas minuciosamente.
Las condiciones de la Tierra no le permiten al silicio crear una forma de vida. Pero si, algún día, los extraterrestres vinieran a visitarnos a la Tierra, probablemente hagan que cambiemos nuestra concepción sobre la composición de los organismos vivientes.

¿Qué pasaría si el sol fuera más pequeño que la tierra?

Imagina que pudieras encoger el Sol al tamaño de una pelota de básquetbol. En ese punto, la Tierra se reduciría al tamaño de una semilla de ajonjolí. ¿Y qué tal si esta feroz bola de gas y plasma no fuera el objeto más grande de nuestro sistema solar?

Se requeriría el equivalente a 1.3 millones de Tierras para lograr el volumen del Sol. Es tan grande que tiene más del 99% de la masa de todo el sistema solar. Se ve pequeño desde la Tierra porque está a 150 millones de kilómetros. Si hipotéticamente el Sol fuera más pequeño que la Tierra, nuestro planeta sería inhabitable.

¿Y el Sol?

Bueno, esta gran estrella ya no sería una estrella. En el universo, el tamaño importa. Y también la distancia. Sucede que la Tierra está lo suficientemente cerca del Sol como para no congelarse, como sucede con Marte. También está lo suficientemente lejos como para no rostizarse, como sucede con Venus.

Esto significa que el tamaño de nuestro planeta, el tamaño del Sol y la distancia entre ambos es lo que hizo posible que evolucionara la vida aquí en la Tierra. Pero ¿qué sucedería si el Sol fuera más pequeño que nuestro planeta?

La masa de una estrella determina su color y temperatura. Las estrellas más grandes son más calientes y azules, mientras que las más pequeñas son más frías y rojas. El Sol es una estrella blanca. No es tan grande como un supergigante, ni tan pequeña como una enana roja. Podrías pensar que, al hacerlo más pequeño, se volvería una enana roja con una zona habitable menor.

Pero este no es el caso. Por definición, una estrella, ya sea una supergigante o una enana roja, es solo una estrella cuando hay fusión termonuclear en su núcleo. ¿Cómo la obtienen las estrellas?

No hemos medido muchas enanas rojas hasta el momento, pero la más pequeña que hemos encontrado tiene una masa de diez Tierras. Es cercano al tamaño teórico necesario para que exista esa fusión. Cualquier cosa más pequeña que diez Tierras ya no sería una estrella, sino un remanente estelar frío y oscuro.

Si por alguna razón el Sol se encogiera a un tamaño menor al de la Tierra, este Sol no tendría la masa para crear una fusión y se consumiría completamente. Nuestro sistema solar perdería su única estrella. Debido a que el Sol es la fuente de la gravedad que nos mantiene a todos en órbita, todos los planetas, incluyendo la Tierra, flotarían en el espacio en busca de otro anclaje. Es un final poco feliz para la vida en la Tierra.

Intentémoslo de nuevo. Esta vez, hagamos a la Tierra más grande que el Sol, mientras el Sol mantiene su tamaño. La masa de la Tierra sería 333.000 veces mayor a la actual.

Un planeta tan grande generaría suficiente calor y presión en su núcleo para convertirse en estrella. Claro, no habría vida en esta cálida estrella, pero hay algo interesante sobre ella. Nuestro sistema solar no tendría uno, sino dos soles.

Se convertiría en un sistema estelar binario, con dos estrellas que orbitan entre ellas y planetas alrededor de ambas. En cualquier escenario, la vida en la Tierra no tendría posibilidad de existir. Pero probablemente evolucionaría vida en otros planetas o, incluso, en la Luna. Cerca de un tercio de los sistemas estelares que hemos encontrado hasta ahora son binarios o múltiples. Algunos, incluso, tienen zonas habitables estables.

¿Qué pasaría si terraformamos la Luna?

¿Qué pasaría si los humanos pudiéramos vivir en algún lugar fuera de la Tierra?
Digamos, la Luna. Obviamente, no podemos empacar y mudarnos allí hoy mismo. ¿Y si la terraformáramos y la volviéramos una réplica de la Tierra?
¿Te has preguntado por qué escogimos la Luna y no Marte?
Con toda el agua congelada bajo su superficie, el planeta rojo parecería el mejor candidato para servirnos como una segunda Tierra. Pero al no tener experiencia en la terraformación de otros planetas o estrellas, deberíamos considerar primero la colonización de nuestro satélite natural.
Obtiene dos veces más luz solar que Marte y está a solo tres días de viaje desde nuestro planeta. En resumen, nos llevaría menos tiempo y menos dinero construir una Tierra decente en nuestra Luna. Pero, ¿cómo crearíamos un lugar habitable allí?
Para ser claros, no estamos hablando de construir una base permanente en la Luna. Nos vamos a volver locos y vamos a transformar la Luna en una Tierra, solo que más pequeña.
Por si no lo sabías, debemos crear una atmósfera. Y aquí viene la diversión. Para hacerlo, necesitaríamos bombardear nuestra Luna con cientos de cometas.
Los podríamos encontrar deambulando cerca de la Tierra. Estos cometas chocarían con la superficie de la Luna. Llenarían las planicies de la Luna con agua y dispersarían dióxido de carbono con vapor de agua, así como algo de amoniaco y metano. Todos estos gases se extenderían cerca de la superficie y se crearía una atmósfera.

Los mares recién formados reflejarían mucha más luz solar, lo que haría a la Luna lucir cinco veces más brillante, si la observáramos desde la Tierra. Estos asteroides hechos de hielo también le darían un impulso a la Luna. Harían que nuestro satélite rotara a una velocidad cercana a la de la Tierra. Entre más cometas impacten la Luna, más rápido rotará.

Un día lunar pasaría de los increíbles 28 días terrestres a solo 60 horas. Ya que nuestro satélite no rotaría en su eje a la misma tasa que orbita la Tierra, no estaría atada su rotación a la de nuestro planeta. Para entenderlo mejor, esto significa que podríamos ver el lado oscuro de la Luna, aunque ya no sería oscuro. Pero, ¿cómo evitamos que la recién construida atmósfera lunar sea despedazada por los vientos solares?

Tendríamos algunas opciones. La primera es la más fácil. La propia rotación de la Luna generaría un efecto dínamo. Este dínamo podría despertar la alguna vez activo campo magnético lunar que mantendría la atmósfera en su lugar. Si no resultara, tendríamos que instalar un escudo gigante en su órbita.

Este escudo funcionaría como un arco de choque artificial que supliría la falta de un campo magnético. Cuando hayamos encontrado la solución adecuada, llevaríamos plantas modificadas genéticamente para que fueran cultivadas en el suelo rocoso de la Luna. También llevaríamos algunas algas que liberarían oxígeno en el aire.

Este sería el comienzo de la vida en la Luna. Finalmente, luego de décadas de duro y costoso trabajo, enviaríamos a la primera colonia humana para que se estableciera en el primer planeta hecho por el hombre. La Luna terraformada se calentaría por los gases de efecto invernadero.

Tendría muchas nubes también y, con olas de hasta 20 metros de altura, los surfistas tendrían su propio paraíso. Vivir en la Luna sería como vivir en Florida, pero con solo un sexto de la gravedad de la Tierra. Los colonos lunares podrían saltar hasta diez metros desde el suelo y permanecer en el aire por cuatro segundos. Y si estuvieran en forma y con mucha energía, ¡podrían atravesar el lago de la Luna corriendo!

Correr en el agua requiere menos poder muscular, si lo haces con gravedad reducida. ¿Te mudarías a la Luna para vivir todo esto?

¿Qué pasaría si el Sol se convirtiera en una enana negra?

¿Qué pasaría si, en vez de brillar por otros 5.000 millones de años, la única estrella de nuestro sistema solar se convirtiera en un cuerpo oscuro y frío? Una enana negra.

Todas las estrellas tienen una fecha de vencimiento. Pero no es solo que se desvanezcan hasta volverse negras. Las estrellas como nuestro Sol no tienen la masa suficiente para volverse estrellas de neutrones. Terminan expandiéndose hasta formar gigantes rojos y pierden sus capas exteriores, hasta que solo queda su núcleo. Es entonces cuando se convierten en enanas blancas.

Las enanas blancas no tienen fusiones que las alimenten. Gradualmente se enfrían hasta que, algún día, se vuelven enanas negras. Lo que sucede aquí es que ¡no hay enanas negras en ningún lugar del universo! Las enanas negras aún no se han formado.

Puede que las enanas blancas no produzcan energía alguna, pero aún tienen suficiente para brillar, así sea débilmente, por cientos de miles de millones de años.

Dado que el universo solo tiene 13.800 millones de años, incluso la enana blanca más antigua aún resplandece a una temperatura de algunos miles de grados Kelvin.

Y a nuestro Sol le tomará al menos mil billones de años enfriarse y convertirse en una enana negra. Es un millón de millón de millón de millón de años más, con algunos millones más o menos. Bueno, cambiemos un poco la historia.

¿Qué pasaría si el Sol se consumiera mañana?

Espero que tengas una buena reserva de baterías a la mano, porque todo el sistema solar quedaría a oscuras. Y ponte algunos abrigos, porque también haría mucho frío. A nivel planetario, estamos muy bien mimados aquí en la Tierra. Con toda la luz y el calor del Sol, podemos vivir cómodamente en una roca que viaja en el espacio a 110.000 kilómetros por hora.

Es fácil olvidar que solo somos una pequeña mancha en el universo. Pero si el Sol dejara de producir energía, sería más que evidente que, simplemente, solo estamos flotando en el espacio. Luego de la primera semana sin el calor solar, la temperatura en la superficie de la Tierra caería a 0°C. Un año después, descendería aún más, hasta llegar a los helados -100°C.

Esto ocurriría si el Sol se volviera una enana negra de manera instantánea, algo muy improbable, incluso en nuestro escenario hipotético. Para ser realistas, el Sol tendría que pasar por todas las etapas del ciclo estelar de vida para convertirse en una enana negra. Desde la secuencia principal en la que se encuentra actualmente, el Sol tendría que expandirse a gigante roja, desvanecerse a enana blanca y, luego, enfriarse hasta volverse una enana negra.

En la etapa de gigante roja, el Sol cocinaría la Tierra. Lo más probable es que también se trague a Venus y a Mercurio. Al menos no tendremos que preocuparnos por congelarnos hasta morir cuando el Sol se vuelva una enana negra.

¿Y qué pasaría con el resto de los planetas? ¿Cuáles tendrían la suerte de evadir las impresionantes llamas de una gigante roja?

Bueno, seguirían orbitando los restos del Sol como si nada hubiera pasado. Aunque el Sol se encogería al tamaño de la Tierra, su masa sería la misma, lo que significa que su fuerza gravitacional seguiría intacta. En la grandeza del universo, la muerte del Sol no cambiaría nada. El Sol sería solo otra estrella que se desvanece, demasiado pequeña e insignificante como para hacer que el universo se oscurezca, así sea solo un poco.

¿Qué haría falta para que la humanidad se convierta en una especie interestelar?

¿Qué pasaría si la humanidad llegara a ser tan tecnológicamente avanzada que fuéramos capaces de abandonar nuestro sisterma solar y aventurarnos en el espacio interestelar?

Ningún ser humano ha estado fuera de nuestro sistema solar, y solo algunos de nosotros hemos logrado salir de la Tierra. Aunque quienes se atrevieron a hacerlo en un cohete no llegaron muy lejos. Hay miles de millones de millones de planetas en el espacio exterior, ¡pero están tan lejos! que nos tomaría mucho tiempo llegar a ellos.

Si nos montáramos en la nave espacial más rápida que alguna vez se haya construido, nos tomaría más de 70.000 años para llegar a Alfa Centauri, nuestro sistema estelar más cercano.

Incluso, si lográramos que una nave espacial acelerara al 99% de la velocidad de la luz, pasarían más de 26.000 años hasta que llegáramos al centro de nuestra propia galaxia, y otros 2 millones de años hasta que pusiéramos un pie en la más próxima, la galaxia de Andrómeda.

Pero, ¿cómo lograríamos expandir nuestra civilización hasta el espacio si somos terriblemente lentos?

Para convertirnos en una civilización intergaláctica necesitaríamos romper el límite de la velocidad del Universo. Pero hasta donde sabemos, viajar a la velocidad de la luz es físicamente imposible, así que olvídate de esa posibilidad. El Universo es... enorme, tal vez infinito.

Tristemente, nuestra esperanza de vida es demasiado corta para llegar a cubrir esas distancias, incluso a la velocidad de la luz. Pero deja volar tu imaginación y transportémonos a una civilización que podría viajar a la velocidad de la luz y recorrer las estrellas. Comenzaríamos con Alfa Centauri, nuestro sistema estelar vecino.

¿Quién sabe?

Tal vez el exoplaneta que orbita este sistema de 3 estrellas termina siendo habitable. Luego, podríamos animarnos a ir más allá y descubrir miles de millones de nuevos mundos. No en todos podríamos quedarnos. En astronomía, un mundo habitable es un planeta que está a la distancia justa de una estrella como el Sol y que puede albergar agua líquida.

Pero la realidad es que los humanos requieren mucho más que eso. La atmósfera, la gravedad y la temperatura también son importantes.

Es muy poco probable que encontremos un planeta como la Tierra. Pero sí podríamos construir un bioma autosostenible similar al de nuestro planeta en gigantescas naves espaciales, donde los humanos vivirían por generaciones o podríamos terraformar algunos exoplanetas rocosos.

Primero, recolectaríamos agua de algunos cometas de hielo. Luego, alteraríamos las atmósferas de estos planetas para que se parezcan a la de la Tierra. Cualquier cosa con tal de respirar aire fresco. Aunque podríamos acceder al espacio, la gente no podría viajar a través del Universo una vez que se establezcan las colonias.

Incluso a la velocidad de la luz, tomaría generaciones llegar al otro lado del Universo. El espacio es realmente grande, ¿recuerdas?

En este nuevo mundo, podrías viajar por las estrellas solo si fueras parte de una tripulación, o si fueras un colonizador o un minero espacial.

Enviaríamos robots para hacer las tareas intergalácticas. Ellos no comen, ni duermen ni deben ir al baño. Pueden soportar altos niveles de radiación y temperaturas extremas. Todo esto acabaría con un ser humano. Pero si tienes muchas ganas de viajar al espacio, considera volverte un mensajero, porque la mejor manera de comunicarnos sería... a través del correo. ¿Te sorprende?

Bueno, nuestros satélites funcionan a través de ondas de radio para transmitir información. Aunque estas ondas viajen tan rápido como la luz, pierden su fuerza entre mayor sea la distancia. Es como estar muy lejos de tu Wifi. Si la humanidad se convirtiera en una sociedad interestelar, los humanos terminaríamos dispersos y separados por cientos de años luz en el espacio. Al menos le daríamos un descanso a la Tierra para que se recupere del maltrato que le hemos dado.

Aunque, tal vez, no debamos ir tan lejos. Puede ser que seamos capaces de crear una nueva sociedad en un planeta artificial que construyamos alrededor del sol.

¿Qué pasaría si la tierra tuviera dos Lunas?

¿Qué pasaría si nuestra luna tuviera una hermana gemela? Ver no uno sino dos de estos satélites en el cielo nocturno sería espectacular.
Pero, ¿cómo una segunda luna afectaría la marea de los océanos?
Aunque así parece, la Tierra no ha sido siempre monógama. Nuestro planeta tiene otra pareja similar a la Luna. Se trata de un pequeño asteroide. Pero está tan lejos y es tan pequeño que solo puede ser considerado un cuasi-satélite de la Tierra. Pero aquí estamos hablando de dos lunas reales, como las que tuvo la Tierra durante su periodo de formación.
Sí es muy probable que hayamos tenido dos satélites. Ambos se formaron cuando un protoplaneta del tamaño de Marte chocó contra la Tierra y se deshizo en miles de partes. Y entonces, ¿qué pasaría exactamente si la Tierra tuviera otra Luna que la orbitara?
Vamos a asumir que nuestra segunda luna tiene un ancho de 1,000 kilómetros y cerca de 1/30 de la masa de nuestra luna actual. Estaría a una distancia similar, como la luna hermana que tenía nuestro satélite natural hace 4,500 millones de años. ¡Claro que sí!
La segunda luna se vería 3 veces más pequeña, pero aún así sería una vista espectacular. Y con dos lunas, las olas también serían más grandes. Esta nueva luna tendría un efecto mucho menor en la marea, pero la fuerza combinada de los dos satélites generaría nuevas olas, literalmente.
Aunque estas olas serían más grandes, no serían devastadoras. Al final, terminarían beneficiando a los surfistas. Esta segunda luna podría quedarse en la órbita terrestre por decenas de millones de años, pero llegará un momento en que se vaya retirando cada vez más de la Tierra y desestabilice la órbita de la otra luna.

Entonces, como ocurrió hace 4.000 millones de años, los dos satélites colisionarían en cámara lenta. Ya que se mueven lentamente en ruta de choque, los restos de la colisión no llegarían a la Tierra. La pequeña luna salpicaría nuestra luna actual y terminaría como una capa adicional de corteza sólida. Las nuevas montañas de roca visibles desde el lado cercano de nuestra luna serían lo único que nos recordara su existencia. Pero, ¿qué tal si este segundo satélite fuera del mismo tamaño de nuestra luna y orbitara la Tierra a la mitad de la distancia lunar actual?

Esta vez, las cosas no irían tan bien. Solo esta segunda luna produciría olas 8 veces mayores a las que vemos hoy en día. Esto llevaría a miles de personas a abandonar las zonas costeras, pues la diferencia entre las mareas alta y baja sería de 300 metros. Las constantes inundaciones por olas reducirían el área habitable de la Tierra. Una vez nos hayamos adaptado, disfrutaríamos de una espectacular luna doble.

El segundo satélite, esta vez, se vería más grande desde la Tierra debido a su órbita. Las lunas también tendrían fases diferentes, lo que significaría que tendríamos que inventarnos otra forma de medir los meses. Pero también hay malas noticias. Estas dos lunas comenzarían a alejarse de la Tierra lentamente y chocarían entre ellas. Los restos de esta colisión alcanzarían la Tierra.

Podría ser una lluvia de meteoritos de proporciones épicas que acabaría con la humanidad. Los restos que no caigan en nuestro planeta formarían una nueva luna en la órbita terrestre. En este punto, una nueva forma de vida post-humana comenzaría a evolucionar y se convertiría en la próxima civilización terrestre.

¿Qué pasaría si la Vía Láctea y Andrómeda colisionaran?

Andrómeda, la galaxia de gran tamaño más cercana a nuestra Vía Láctea y el objeto más lejano que puedes observar a simple vista. Se acerca a nosotros a una velocidad de 110 kilómetros por segundo. En algún momento, en 4.000 millones de años en el futuro, Andrómeda se fusionará con la Vía Láctea en una gran colisión galáctica. Pero ¿qué tal si estas galaxias colisionaran mañana?

Hay al menos 100.000 millones de galaxias en el universo observable que colisionan entre ellas. Las galaxias más grandes se fusionan aproximadamente cada 9.000 millones de años, mientras que las más pequeñas chocan entre sí con mayor frecuencia. Espera. ¿Y la energía oscura? ¿Esta fuerza hipotética no está desgarrando el universo y todo lo que existe en él?

Sí. Lo está haciendo.

Aunque en las galaxias cercanas, gana la gravedad. Andrómeda y la Vía Láctea no son la excepción. Ambas contienen agujeros negros supermasivos que, al final, fusionarán los dos sistemas estelares. Imagina ahora si esta gran colisión sucediera mañana. Andrómeda está más bien lejos. No podría recorrer 2.5 millones de años luz en un solo día. Asumamos que, de alguna manera, el agujero negro supermasivo en el centro de la Vía Láctea incrementó su fuerza gravitatoria sobre el agujero negro de Andrómeda, por lo que "La Gran Implosión" ocurrió 4.000 millones de años antes de lo esperado.

En primer lugar, no habría Vía Láctea ni Andrómeda. Las dos galaxias espirales se transformarían en una completamente diferente una galaxia elíptica. La puedes llamar "Lactómeda" o "Lactoandrómeda", el nombre que prefieras.

Cuando Andrómeda invada el espacio personal de la Vía Láctea, el Sol y todo el sistema solar sería expulsado a las afueras de la nueva galaxia, a 26.000 años luz de distancia. Y este es el mejor escenario. En el peor de los casos, podríamos terminar en una Siberia galáctica, a 160.000 años luz del centro de "Lactómeda".

¿Y qué pasaría con todas las estrellas de las dos galaxias? ¿Colapsarían entre ellas?

Algunas sí chocarían. Aunque en la Vía Láctea se cuentan cerca de 250.000 millones de estrellas y más de 3 billones en Andrómeda, todas estas estrellas están separadas por años luz de espacio vacío entre ellas. Es poco posible que varias se fusionen, pero sí es más probable que queden esparcidas en diferentes órbitas. Y bueno. Olvidé mencionar que invitamos a una tercera galaxia a esta fiesta: la Galaxia del Triángulo o M33, una galaxia satélite de Andrómeda y de menor tamaño. Parece que vamos a tener un gran revoltijo galáctico.

Para nosotros en la Tierra, esto se vería simplemente increíble. El núcleo brillante de esta nueva supergalaxia iluminaría con su incandescencia el cielo nocturno. Con el tiempo, los dos agujeros negros supermasivos en el centro de estas galaxias se acercarían tanto que se fusionarían.

Todo el gas absorbido por este monstruoso agujero negro formaría un quásar brillante en el centro de la galaxia. Otro espectáculo para nosotros aquí en la Tierra. Lo malo es que, en realidad, nuestro planeta no vivirá lo suficiente para presenciar este momento.

Cuando Andrómeda impacte con la Vía Láctea, el Sol ya se habrá convertido en una Gigante Roja y habrá consumido toda la Tierra.

¿Qué pasaría si el planeta X fuera real?

En el último siglo, los astrónomos han especulado sobre la existencia de un misterioso noveno planeta que deambula en los límites de nuestro sistema solar. Aunque nunca se ha observado directamente el "Planeta X", los investigadores siguen hallando extraños fenómenos que demostrarían su supuesta existencia.

Los científicos creen que el Planeta X, al que también se refieren como el Planeta 9, es cerca de 17 veces más grande que la Tierra y está compuesto de gas en su totalidad. Creerías que es fácil localizar algo tan grande, pero este planeta orbita el Sol entre 10 y 20 veces más lejos de lo que lo hace Plutón.

Encontrar este planeta nos enseñaría más sobre cómo los sistemas solares evolucionan, pero ¿podría también provocar el fin?

Hasta ahora, nuestra búsqueda del Planeta X se ha basado en la idea de que "si hay humo, hay fuego". Y en este caso, "el humo" se refiere a los fenómenos extraños que ocurren en el espacio.

En 1972, los astrónomos notaron algunas irregularidades en el recorrido del cometa Halley. Se percataron de desvíos causados por la fuerza gravitacional de un planeta distante nunca visto. Adelantémonos 10 años hasta 1982, cuando los científicos se vieron forzados una vez más a considerar la existencia de un planeta oculto. Tenían la hipótesis de que un planeta externo y desconocido podría orbitar dentro de nuestro sistema solar y generar desviaciones improbables en las órbitas de Urano y Neptuno.

Pero la evidencia más concreta llegó en 2014, cuando los astrónomos se percataron de la existencia de planetas enanos distantes y objetos congelados que parecían seguir órbitas que se agrupaban. Luego de una inspección más exhaustiva, supusieron que la poderosa fuerza gravitacional de este planeta oculto debía causar estas inusuales órbitas.

Con todos estos signos que apuntan a la existencia y la posible localización del Planeta X, ¿por qué no lo hemos visto aún?

Bueno, está muy, muy lejos. Además, en el espacio, las cosas se oscurecen muy rápido. La intensidad de la luz de Sol se debilita por cuatro, y nuevamente cuatro veces al reflejarse. Para ponerlo en perspectiva, un planeta que está dos veces más lejos que la Luna sería 16 veces más difuso. Además, este planeta podría estar perdido por la polución lumínica de la Vía Láctea, o por el resplandor de una estrella brillante.

Pero con la tecnología moderna, los astrónomos creen que seremos capaces de encontrar el Planeta X entre 10 y 15 años. Con uno de los más poderosos telescopios en el mundo, un equipo líder en California logró publicar un mapa de localizaciones posibles para incrementar así la posibilidad de hallar este planeta a través de la astronomía colaborativa.

Si el Planeta X existiera, redefiniría nuestro conocimiento de la evolución del sistema solar y nos daría una mejor idea de cómo otros sistemas solares se forman en el universo.

Y desde que reconocidos científicos han venido teorizando sobre el Planeta X, también ha habido otros que aseguran que su extraña órbita eventualmente colisionará con la Tierra.

Pero esto ha sido calificado como pseudocientífico, como una broma de internet. Los científicos aseguran que el Planeta X se mantendría a una distancia considerable de la órbita de Neptuno, incluso cuando esté en su punto más cercano al Sol.

Así que, aunque no podamos verlo, eso no significa que nuestro noveno planeta no exista. Tal vez, algún día, desarrollaremos la tecnología que pueda identificar mundos incluso más allá del Planeta X.

¿Qué pasaría si un agujero negro, del tamaño de una moneda, apareciera en la Tierra?

Los agujeros negros supermasivos, con millones de veces la masa de nuestro sol, devoran las estrellas como si fueran un simple bocado. Pero ¿qué tan peligroso podría ser un pequeño agujero negro?

Los agujeros negros son extremadamente densos. No son agujeros realmente, sino grandes cantidades de masa. Si pudieras crear uno, tendrías que juntar muchas partículas en un espacio muy, muy pequeño.

En la práctica, si pudieras fusionar todas las partículas del Monte Everest para crear un agujero negro, ese agujero solo tendría el tamaño de un par de átomos. Pero, incluso así, no querrías estar cerca de él. 10 metros a la redonda, la fuerza gravitacional de ese pequeño agujero sería tan fuerte como la que se ejerce sobre la superficie terrestre.

Entonces, ¿qué tantos problemas podrían causar un agujero negro del tamaño de una moneda?

La respuesta depende de tu definición de tamaño. ¿Nuestro hipotético agujero negro sería tan ancho como una moneda, o tendría la masa de esa moneda?

En un primer escenario, el agujero negro tiene el diámetro de una moneda. Parece más bien pequeño, ¿no lo crees?

Bueno, ya que los agujeros negros son tan densos, este tendría prácticamente la misma masa de la Tierra.

Tendría además una fuerza gravitacional mil millones de veces mayor a la que ejerce nuestro planeta. Pero la Tierra no sería simplemente consumida por un agujero negro. Más bien orbitaría a este agujero, mientras pedazos de nuestro planeta son consumidos progresivamente.

La rotación terrestre haría más lento este banquete, evitando así que el agujero negro la devore completamente. Lo que quede de masa de nuestra Tierra se reduciría a un disco de roca incandescente y comenzaría a rotar alrededor del agujero negro.

Para ese entonces, el agujero negro se habrá doblado en masa. Sorprendentemente, no afectaría a la Luna y solo haría que su órbita se volviera más elíptica. Tú no saldrías bien de todo esto. El agujero negro te consumiría, incluso antes de que percibas lo que está ocurriendo. En un segundo escenario, el agujero negro tiene la masa de una moneda.

Si una moneda de cinco gramos terminara repentinamente como un agujero negro, este sería increíblemente pequeño. Si hacemos la comparación, sería tan pequeño como un átomo en relación con el sol. Y, aun así, sería aterrador.

Para que lo sepas, entre más pequeño es un agujero negro, más radiación Hawking libera. En palabras simples, los agujeros negros se evaporan y arrojan partículas al espacio. En este caso, el agujero negro se evaporaría rápidamente prácticamente en una fracción de segundo. Su masa insignificante de cinco gramos terminaría convertida en los nada despreciables 450 Terajulios de energía, lo que causaría una gran explosión. Sería como detonar 100.000 toneladas de dinamita. La explosión no acabaría con la Tierra, pero afectaría gravemente a cualquier cosa que estuviera cerca. Sería mejor si este agujero negro, que surgió de una moneda, no estuviera en tu bolsillo.

A pesar de toda la tecnología que hemos inventado, los humanos no hemos podido comprimir la materia para crear un agujero negro, incluso uno así de pequeño.

Tal vez, algún día, cuando los viajes espaciales sean más asequibles, podamos capturar un agujero negro entre las estrellas y aprender de él.

¿Qué pasaría si la Tierra estuviera dentro de una nebulosa?

Si pudieras teletransportar la Tierra a cualquier lugar del universo, ¿qué te gustaría ver en el cielo nocturno? ¿La brillante explosión de una supernova? ¿Un agujero negro que pasa por tu casa? ¿O qué tal una nebulosa?
Pero ¿qué es una nebulosa?
Es una nube gigante de polvo y gas en el espacio interestelar. Son inmensas y, a veces, ocupan cientos de años luz en el espacio. Pero con todo ese tamaño, no son de gran masa. Una nebulosa del diámetro de la Tierra tendría solo una masa de algunos kilos. Esto ocurre porque las nebulosas no son muy densas. Y, por lo tanto, si viviéramos en una de ellas, no sería como crees que podría ser.
A 1.344 años luz de la Tierra está la Nebulosa de Orión, la nebulosa más brillante en nuestro cielo. Tiene una extensión de 24 años luz y una masa equivalente a 2.000 soles. Si la Tierra se hubiera formado dentro de ella, todo lo que verías en el cielo sería oscuridad.
¿Sigues sin impresionarte? Lo sé. Yo tampoco lo estoy.
Resulta que no es fácil ver una nebulosa cuando miras el cielo nocturno. Para tus ojos, la mayoría de las galaxias no se ven coloridas Más bien, a blanco y negro. Y la mayoría de las nebulosas son invisibles. Tus ojos no son sensibles al tipo de luz que produce una nebulosa.
Pero mira la imagen tomada por el Telescopio Espacial Hubble y verás la hermosura de esta nube de gas. Eso no significa que estas maravillosas imágenes del espacio sean falsas.

Sus colores solo representan las ondas de luz que tus ojos no pueden detectar.

Y si tuvieras un telescopio como el Hubble, ¿podrías ver una nebulosa si vivieras en una?

Siento decepcionarte nuevamente, pero no.

Las nebulosas son hermosas solo cuando están a cientos de años luz de distancia. Se ven espesas y nubosas, solo porque puedes ver estructuras de años luz de espesor. Una vez estás cerca, su luz se dispersa tanto que no las puedes ver.

Podrías ingresar a una nebulosa en una nave espacial y nunca saberlo. Si la Tierra estuviera dentro de una nebulosa, el único efecto que verías sería auroras más brillantes, a menos que los vientos solares llevaran todas las partículas nebulares lejos del planeta.

¿Cómo sabemos que no estamos viviendo en una nebulosa actualmente?

Es simple. Luego de recolectar datos de nuestro propio Sol, podemos calcular el brillo esperado de nuestras estrellas vecinas. Si viviéramos dentro de una nebulosa, veríamos que nuestra estrella era mucho más brillante que las otras. La nebulosa disminuiría la luz que viene de su exterior. Pero no te pongas triste. Todavía no podemos teletransportar a la Tierra.

Pero podríamos viajar a exoplanetas distantes que tienen increíbles espectáculos de luz en el cielo nocturno.

¿Qué pasaría si una onda gravitacional golpeara la Tierra?

Hace 1.300 millones de años, dos enormes agujeros negros que orbitaban entre sí 250 veces por segundo, colisionaron y generaron una violenta explosión que propagó ondas de energía por todo el cosmos.

Poco después, se formó un nuevo agujero negro supermasivo 60 veces más grande que nuestro Sol. En septiembre de 2015, las ondas gravitacionales de este evento cósmico finalmente golpearon la Tierra. Por suerte, estas ondas se debilitaron por la enorme distancia.

¿Y si no fuéramos tan afortunados? Si un par de agujeros negros en nuestro sistema solar chocaran, ¿podríamos sobrevivir?

En 1916, Albert Einstein generó toda una onda con su innovadora teoría de la relatividad general, conocida por la fórmula E=MC*2, Demostró que la energía y la masa son intercambiables, y que el espacio o el "espacio-tiempo" se curva en relación con la energía y la velocidad de cualquier materia o radiación presente.

Con gran sentido de predicción, Einstein infirió que la colisión de agujeros negros o de objetos estelares masivos crea distorsiones en la gravedad que son propagadas en todas las direcciones. Gracias a los increíbles avances en la medición atómica, científicos de Washington y Luisiana en el Observatorio de Ondas Gravitacionales por Interferometría Láser, fueron capaces de detectar y medir las primeras ondas gravitacionales en la Tierra en 2015.

Fue un momento histórico para la ciencia, pues fue la primera prueba definitiva de la teoría de la relatividad de Einstein. Usando interferometría láser, los observatorios pueden detectar un cambio inferior a diez milésimas del diámetro de un protón. Eso es un millón de veces más pequeño que el ancho de un cabello humano. Desde entonces, LIGO ha medido 50 detecciones de ondas gravitacionales.

Hay muchas fuentes de ondas gravitacionales, incluyendo la colisión de agujeros negros, la rotación de estrellas de neutrones asimétricas, supernovas o incluso restos de radiación gravitacional causada por el Big Bang.

Estas ondas viajan a la velocidad de la gravedad, que es igual a la velocidad de la luz, y se propagan hacia afuera en todas las direcciones. Al igual que una roca que se lanza a un estanque, las ondas que crea se disipan a grandes distancias y se vuelven más y más pequeñas. Por suerte, en nuestro hogar en el universo, estamos a más de 400 millones de años luz de cualquier agujero negro.

En general, estamos a salvo, pero si estos agujeros negros estuvieran en nuestro sistema solar, las implicaciones serían mucho peores. Cuando las ondas gravitacionales atraviesan un planeta, un lado de este planeta se comprime mientras el otro se expande, justo como una bola de estrés. Sin duda, me vendría bien una de esas. Como resultado, el tiempo y el espacio se estiran, causando así un ligero tambaleo.

Pero si estuviéramos más cerca de este evento y las ondas fueran mucho más grandes, el impacto podría destrozar nuestro planeta al desencadenar potentes terremotos que dividirían los continentes, así como erupciones volcánicas y tormentas épicas.

La Tierra ya no sería un lugar habitable, excepto para extremófilos como las bacterias que crecen en respiraderos hidrotermales. Imaginemos que nuestro Sol era una estrella de neutrones con una forma imperfecta y no esférica que propaga ondas gravitacionales mientras gira.

La Tierra probablemente se parecería más a Ío, una de las lunas de Júpiter, que enfrenta una gran presión gravitacional del planeta y, por lo tanto, es una de las lunas más activas volcánicamente en el sistema solar. Nuestro paisaje estaría cubierto de lava y lluvia volcánica con una atmósfera compuesta de gases tóxicos como sulfuro de hidrógeno. Esto causaría un calentamiento global masivo e intensas tormentas, así como tsunamis recurrentes, tornados y bueno, ya sabes, un caos climático.

Podemos sentirnos afortunados, pues no estamos cerca de grandes objetos que propaguen ondas gravitacionales. Afortunadamente, todavía podemos medir estas ondas y aprender más sobre las complejidades de nuestro universo. Pese a que somos impactados por ondas gravitacionales, generalmente son tan pequeñas que ni siquiera podemos sentirlas.

¿Qué pasa si creamos una réplica del Sol en la Tierra?

Imagina cómo sería tener una versión miniatura de nuestro sol aquí en la Tierra.

El sol es un gran generador de fusión nuclear. Cada segundo, fusiona 620 millones de toneladas de hidrógeno en 606 millones de toneladas de helio en su núcleo, liberando así una gran cantidad de energía en el proceso. Para crear una réplica del sol en la Tierra, solo necesitaríamos comprimir átomos de hidrógeno con suficiente fuerza para hacerlos fusionarse. No debe ser tan difícil, ¿no crees?

Bueno, esta fusión solo es posible a temperaturas extremas. La parte más fría del sol es su superficie y tiene una temperatura de 5.500 °C. Ni siquiera un traje espacial podría protegerte de tal calor. Pero podríamos crear un superconductor que pueda soportar las llamas incandescentes de este mini sol.

¿Qué se necesitaría para hacer esto una realidad?

Lograr desarrollar un sol artificial nos permitiría generar energía prácticamente ilimitada. Claro, sería un sol mucho más pequeño que el original. Nuestra réplica cabría en una máquina de un tamaño similar al de 60 campos de fútbol con un peso como el de tres Torres Eiffel.

Para que funcione, necesitamos dos isótopos específicos de hidrógeno. Uno de ellos, llamado deuterio, lo extraeríamos del agua. El otro, llamado tritio, saldría del litio durante el proceso de fusión. Le daríamos a este mini sol su propio campo magnético con la ayuda de inmensos imanes, al menos mil veces más poderosos que los que usas para los suvenires en tu nevera.

Este campo magnético mantendría al sol en su lugar mientras lo calentamos a una temperatura de hasta 150 millones de grados Celsius. Pocos materiales podrían soportar el plasma abrasador de nuestro sol. Tendríamos que crear una cobertura resistente que no se derrita durante la sofocante fusión.

Una vez logremos resolver los obstáculos, el sol artificial cambiaría completamente la manera en la que nuestro sistema energético funciona. No emitiríamos gases de efecto invernadero. No generaríamos esos desechos radiactivos que se demoran miles de años en degradarse. A diferencia de los combustibles fósiles, nunca nos quedaríamos sin hidrógeno, el elemento más común en el universo.

Con esta fuente de energía limpia y segura, dejaríamos de contribuir al cambio climático. Tal vez, le daríamos una segunda oportunidad al planeta. Además, construiríamos motores de fusión para nuestras naves espaciales que nos permitirían explorar el espacio con una velocidad nunca imaginada. Con plasma como combustible para nuestros cohetes, nos tomaría solo 30 días llegar a Marte. Es un gran progreso en comparación a los 9 meses que nos lleva actualmente.

¿Te parece ciencia ficción? ¿Y qué tal si te dijera que científicos en todo el mundo han estado trabajando por décadas para recrear una estrella en miniatura?

Ya tenemos reactores capaces de producir una fusión similar a la que se da en el sol. Pero hasta ahora, ninguno ha podido producir más energía de la que necesita consumir para que suceda esta reacción. Todo podría cambiar con una nueva clase de superconductores de alta temperatura. Esto haría que la fusión nuclear pasara de ser un experimento costoso a una fuente viable de energía disponible para todos. Para cuando los científicos logren descifrarlo, ya nos habremos mudado de la Tierra a un planeta cercano.

¿Qué pasaría si la Luna explotara?

¿Es una lluvia de meteoritos? ¿Escombros espaciales? No, es algo mucho, mucho peor. Nuestro vecino más cercano ya no es la Luna llena. Nuestro satélite natural explotó y quedó reducido a millones de fragmentos. Ahora, enormes rocas lunares se dirigen hacia la Tierra.
Bueno, ¿cómo diablos explotó la Luna? ¿Una operación de extracción salió mal? ¿Una explosión nuclear? ¿Una colisión con un planeta interestelar?
Sea cual sea la causa de esta catástrofe, tendrías que acumular una potencia descomunal para hacer volar la Luna. "Armas. Muchas armas."
La bomba nuclear más grande alguna vez construida, la Bomba del Zar, tenía la energía de más de 57 millones de toneladas de TNT. ¿Crees que es lo suficientemente poderosa?
Es como una gota en el océano si habláramos de la fuerza que necesitarías para volar la Luna. Requerirías el poder de más de 600.000 millones de Bombas del Zar para destruirla. Con algo menos que eso, la Luna solo se rompería, pero su gravedad la volvería a unir.

Si alguien o algo lograra hacer que la Luna explote, serían malas noticias para nosotros en la Tierra. Los escombros de la Luna saldrían expulsados por todo el sistema solar, algunos hacia el espacio exterior y, otros, directamente hacia la Tierra. La fuerza gravitacional de la Tierra comenzaría a atraer las rocas de la Luna inmediatamente.

Cuando los restos de la Luna comiencen a ganar velocidad, chocarían contra la atmósfera. Por suerte, la mayoría de los escombros pequeños se quemarían antes de impactarnos. Cualquier pedazo de roca que haya logrado atravesar viajaría mucho más lento que un asteroide de tamaño similar. El daño que causarían no sería equivalente.

¿Soy yo o empieza a hacer mucho calor aquí?

Los trozos de Luna no generarían muchos daños, pero la interminable lluvia de escombros sobre nuestra atmósfera comenzaría a calentar la Tierra. Las temperaturas empezarían a aumentar en todo el mundo, hasta llegar a un punto en el que deje de existir cualquier tipo de vida.

Un mal camino a seguir, sin duda. Y si estás pensando en abandonar la Tierra, será mejor que lo hagas lo antes posible. Los escombros de la Luna, junto con los satélites que se destruirían en el espacio, harían que cualquier viaje fuera casi imposible. Pero, ¿qué pasaría si lograras evadir estos obstáculos o resguardarte en las partes más profundas de la Tierra?

¿Cómo sería la vida después de esta catástrofe?

Bueno, para algunos de nosotros, no sería un futuro más fresco. La Luna ayuda a estabilizar la inclinación axial de la Tierra. Esto es lo que hace que tengamos estaciones. Con una nueva inclinación, algunas partes de la Tierra podrían estar constantemente expuestas al Sol. En el peor de los casos, las regiones polares podrían comenzar a derretirse rápidamente, elevando así el nivel del mar, lo que dejaría bajo el agua a algunas regiones del mundo.

Y mientras los escombros se asientan, los cielos podrían verse un poco diferentes. La roca lunar restante podría acumularse alrededor de la Tierra y formar un anillo gigante, como en Saturno. Pero no te detengas a observarlo demasiado. De vez en cuando, algunos de estos escombros podrían caer sobre nosotros.

Durante miles de millones de años, la fuerza gravitacional de la Luna ralentizó la rotación de la Tierra, dándonos así un día de 24 horas. Sin ella, la Tierra comenzaría a girar más y más rápido. Tendríamos días más cortos y vientos más fuertes. A las aves y a los insectos les costaría sobrevivir. Y no solo eso. Las mareas oceánicas comenzarían a esfumarse, pues la gravedad de la Luna ayuda a crear olas en la Tierra. ¿Te molesta que ya no puedas dominar esas grandes olas?

Bueno, tendrás un problema mucho mayor. Desaparecerían todas las criaturas marinas que dependen de las mareas y de las corrientes oceánicas para sobrevivir. Nuestro mundo estaría, literalmente, al revés. La Tierra se incineraría, nuestros días serían más cortos y la Luna ya no iluminaría el cielo nocturno.

¿Qué pasaría si se pudiera aprovechar la energía de un agujero negro?

¿Qué pasaría si pusieras a dos físicos en un salón con una soga, una caja y un agujero negro?

Puede que salgan con un plan para darle energía a la Tierra por siglos. No te encuentras un agujero negro todos los días.

Para hacer tu propio agujero negro, tendrías que comprimir una estrella diez veces más grande que nuestro sol en una esfera del diámetro de la ciudad de Nueva York.

Los agujeros negros son muy densos y tienen una gran masa. Como sabemos, a partir de una famosa ecuación de Albert Einstein, todo lo que tiene masa también tiene energía. En el caso de un agujero negro, estamos hablando de mucha energía. En teoría, podríamos recoger toda esa energía sin tecnología súper avanzada. Y si lo hiciéramos, tendríamos acceso a tanta energía que no sabríamos qué hacer con ella. Pero claro, no es algo fácil.

¿Qué hace a los agujeros negros una fuente tan atractiva de electricidad?

Es su alta tasa de conversión de energía. Hagamos algunas operaciones matemáticas. Toma un gatito de 3 kilogramos y multiplica su masa por la velocidad de la luz al cuadrado. Verás que la energía contenida en este gatito es suficiente para dar electricidad a 6.4 millones de hogares estadounidenses por año.

Pero nunca podrías extraer toda esa energía de un gato. Los mejores productores de energía que tenemos actualmente -la fisión y la fusión nuclear- solo logran acumular 0.08 y 0.7 por ciento respectivamente de la energía potencial en masa. Los agujeros negros son otra historia. Su tasa de conversión de energía es cercana al 40 por ciento. Pero, encontrar un agujero negro no sería fácil.

Con la tecnología disponible actualmente, entrar en el vecindario de un agujero negro nos tomaría cerca de doce millones de años. Así que, adelantemos esa parte y asumamos que hemos encontrado un agujero negro.

¿Cómo lograríamos obtener lo mejor de él?

Podríamos intentar lanzar cosas al agujero negro. La fuerza gravitacional del agujero negro haría que cualquier cosa que cayera en él se acelerara y liberara energía en el proceso. O podríamos lanzar cosas al disco de acrecimiento de un agujero negro, donde todas las partículas de polvo quedan en su órbita.

Desde allí, recolectaríamos la energía en forma de radiación, algo conocido como el proceso Penrose. Algunas mentes brillantes han elaborado la teoría de que una caja diseñada para recolectar energía podría ser enviada desde un punto distante seguro, a través de una soga, a un lugar cercano al horizonte de eventos de un agujero negro, lo que la llenaría de radiación en el proceso.

Un problema que surgiría sería asegurar que la caja y la soga no se atasquen en el agujero. Según cálculos, la caja apropiada para esta tarea podría ser del tamaño de una bacteria, para que la soga pueda aguantar. También podríamos arrojar "cuerdas" al horizonte de eventos y drenarlo completamente. Tomaría muchísimo tiempo, pero una vez terminemos, los sueños más ambiciosos en materia energética se volverían reales. Podríamos cerrar nuestras plantas de energía y, finalmente, detener la polución del planeta. Podríamos cargar nuestros cohetes y explorar el espacio exterior. Comenzaríamos a construir mega estructuras en el espacio.

Hay muchas cosas que podríamos hacer con energía ilimitada… Pero, primero, necesitaríamos pasar millones de años viajando hasta encontrar un agujero negro apropiado. Eso solo sería posible si pudiéramos desarrollar tecnología de desplazamiento por curvatura para así acelerar nuestros planes.

¿Qué pasaría si una explosión de rayos gamma impactara a la Tierra?

¿Qué tal si te dijera que las supernovas no son los eventos más brillantes en el Universo?

Son las explosiones de rayos gamma. Brillan cientos de veces más y solo duran unos minutos.

Pero, incluso un segundo sería suficiente para echar a perder la compleja vida que existe en el planeta.

Los brotes de rayos gamma, o GRB por sus siglas en inglés, son las explosiones más violentas en el universo. Ocurren cuando dos estrellas de neutrones colisionan y forman un agujero negro. O cuando un agujero negro absorbe una estrella de neutrones. O cuando una estrella termina en una supernova.

Están fuera de nuestro espectro de luz visible. Es por eso que no puedes verlas a simple vista. Pero sentirías su efecto si impactaran el planeta.

Una de estas explosiones ya pudo haber generado una extinción masiva aquí en la Tierra. Pero ese poderoso evento ocurrió hace 450 millones de años, mucho antes de que los dinosaurios comenzaran a vagar por el planeta. Si un brote de rayos gamma nos impactara hoy, tendríamos una posibilidad de salir con vida.

Bueno, tal vez... no sería tan catastrófica. Aunque la Tierra absorbería la mayor parte de la radiación emitida, lo único que estaría en peligro serían nuestros satélites. Algunos de ellos quedarían fuera de línea de manera permanente. Podrías perder tu conexión a internet, pero no pasaría mucho tiempo antes de que fueran restaurados los que quedaran fuera de funcionamiento. eso cambiaría completamente las probabilidades.

La radiación que azotaría la Tierra destrozaría nuestra capa de ozono. Casi todas las especies de plantas morirían. No habría suficientes para mantener la fotosíntesis, ni la cantidad necesaria de oxígeno en nuestra atmósfera. Los animales herbívoros morirían de hambre y el resto de ellos se asfixiaría. Los humanos podríamos intentar salvarnos con máscaras de oxígeno, pero eso no nos ayudaría por mucho tiempo. el daño sería equivalente a la caída de un asteroide en la Tierra.

Primero, destruiría inmediatamente nuestra atmósfera. Sin ella, no estaríamos protegidos de los rayos UV del sol, lo que nos causaría graves quemaduras. Estaríamos ocupados tratando de buscar maneras de restaurar la atmósfera, antes de que este ambiente hostil acabe por completo con nosotros. Pero hay buenas noticias. Los rayos gamma tienen una longitud de onda tan corta que, con algo de suerte, el haz de luz podría pasar relativamente cerca y no generar daños significativos. Pero, ¿hemos tenido tal suerte? absolutamente nada sería tan devastador como el impacto directo de un brote de rayos gamma dentro de nuestra galaxia, la Vía Láctea.

Si te hace sentir mejor saberlo, nuestros satélites detectarían este fenómeno inmediatamente.

¿Qué podríamos hacer entonces cuando nos encontremos en la mira de este rayo galáctico?

A medida que esta explosión se acercara al planeta, los fotones rasgarían la capa de ozono y generarían reacciones químicas en la Tierra. Verías una nube de humo fotoquímico que cubre el planeta. Seríamos impactados por todo tipo de rayos cósmicos que dañarían nuestros dispositivos electrónicos y nos dejarían con dosis letales de radiación. Serías testigo de otra ola de extinción masiva en la Tierra. Lo bueno es que no parece que algo así vaya a suceder en al menos 1.000 millones de años. Para ese momento, ya habremos encontrado la manera de mover la Tierra a una zona segura.

¿Qué pasaría si detonáramos una bomba nuclear en la Luna?

En 1957, el satélite soviético Sputnik orbitó la Tierra con éxito, poniendo así a Rusia en la delantera de la carrera espacial.

Para no ser superado, el gobierno estadounidense decidió bombardear la Luna. Estados Unidos creía que una explosión lunar, visible desde la Tierra, demostraría el poder de su armamento y mejoraría el ánimo de los ciudadanos.

¿Qué crees? ¿Ver algo así en el cielo te daría tranquilidad?

La bomba nuclear más poderosa alguna vez creada tiene un rendimiento de 50 megatones de TNT, el equivalente a 3.800 bombas de Hiroshima.

¿Cómo bombardear la Luna afectaría a la humanidad?

La respuesta corta es que... no lo haría. Necesitarías una bomba más grande, con un poder adicional de 10 billones de megatones de TNT. Una explosión de ese tamaño probablemente empujaría a la Luna fuera de la órbita de la Tierra, exponiéndonos a meteoritos, afectando nuestras mareas y modificando nuestras estaciones de manera catastrófica.

Si bien nuestra bomba podría no ser capaz de sacar a la Luna de su trayectoria, ¿podría nuestro experimento afectar drásticamente sus niveles de radiación?

Eso sería un gran problema. Aparte de la desaprobación mundial, entre las razones por las que Estados Unidos canceló el plan de 1958 de bombardear la Luna estuvo la idea de que la lluvia radiactiva arruinaría los planes del ejército de colonizar la luna en 1967. Pero nuestra luna no es como la Tierra. No está protegida por una capa de ozono, lo que significa que está expuesta directamente a rayos cósmicos y fulguraciones solares.

Esto hace que haya altos niveles de radiación espacial en la superficie de la Luna y, por lo tanto, la lluvia radiactiva de una sola explosión nuclear difícilmente haría la diferencia. Curiosamente, la NASA todavía está buscando una manera de solucionar el problema de la radiación en la Luna, pues espera construir una base lunar y llevar personal allí en un futuro cercano.

Si detonáramos una bomba nuclear en la Luna, el mayor daño físico que podríamos hacerle sería añadir otro cráter a su superficie. Es algo irónico, pues los cráteres de la Luna se han formado por los meteoritos que se dirigen a la Tierra y que han sido bloqueados por nuestro satélite natural. Así que, tal vez deberíamos dejar de pensar en bombardearla y agradecerle por sus labores de defensa, y por su influencia en las estaciones y las mareas.

¿Qué pasaría si construimos una torre que llegue al espacio exterior?

¿Pasarías una noche en la cima de la primera torre que llega al espacio?
A 100 kilómetros sobre el nivel del mar, sería la estructura más alta que los humanos hayan construido. Esta torre podría albergar cerca de un millón de residentes.
Pero ¿valdría la pena el increíble precio de 25 billones de dólares?
Cuando hablamos de construir una torre espacial, hay muchos obstáculos que debemos considerar. En primer lugar están las temperaturas extremadamente bajas que podrían congelarte hasta morir. Luego, están los vientos huracanados de categoría 5 que podrían hacer que la torre se balancee y se caiga.
¿Y ya mencioné que habría muy poca presión atmosférica en la cima?
Así que, probablemente, sufrirías mal de altura, algo que podría matarte. Pero, incluso con todos estos peligros, creemos que podemos construir una torre lo suficientemente segura como para albergar humanos.
¿Quieres ver cómo se ve?

Pues se vería como una Pirámide. Sí, puede parecer un poco extraño, pero así es como tendríamos que construir nuestra torre si no queremos que se caiga. Si no montamos nuestra torre como una pirámide, cedería por su propio peso, se inclinaría hacia un lado y caería al suelo. Con 100 kilómetros de altura, esta pirámide necesitaría una base tan grande como Hong Kong para mantenerse estable. También requeriría un centro reforzado para evitar que se balancee por los vientos extremos en la parte superior de nuestra atmósfera.

A 70 kilómetros sobre el nivel del mar, pueden producirse vientos de 252 kilómetros por hora y la cima de nuestra torre estaría 30 kilómetros más arriba.

Ahora que tenemos una estructura estable, necesitamos encontrar una manera de llevar a la gente hasta la cima. Tradicionalmente, los ascensores están limitados a una altura de unos 500 metros. Más allá de esa altura, serían muy pesados. Así que vamos a necesitar algo un poco más moderno, como ascensores impulsados por imanes, por ejemplo.

Pero, incluso así, tendríamos viajes muy largos para subir o bajar desde la cima. Esto sería un problema serio si nuestra torre albergara residencias y oficinas. Aunque estos viajes súper extensos en ascensor serían una gran noticia para la industria de la publicidad. ¡Así se cautiva a una audiencia!

Pero antes de vender espacios publicitarios en el ascensor, necesitamos saber primero si sería seguro alcanzar una altura tan elevada.

En la cima del Monte Everest, la presión del aire es peligrosamente baja, alrededor de un tercio de la presión a nivel del mar. Y nuestra torre espacial sería 11 veces más alta. Si no regularan la presión del aire dentro del rascacielos, podrías sufrir mal de altura. Y si no controlaran la temperatura, podrías congelarte y estar muerto para cuando llegaras a la cima.

Luego, tendríamos que encontrar una manera de tener agua potable en toda la torre. Se necesitaría mucha presión para bombear agua a tal altitud. Necesitaríamos cientos de depósitos de agua en diferentes niveles en todo el edificio. Estos depósitos de agua se llenarían secuencialmente, cada uno llenando el que está por encima hasta llegar a la cima.

Si los hogares en la torre usaran tanta agua como las residencias en el Burj Khalifa, estimamos que nuestra torre espacial utilizaría alrededor de 13 piscinas olímpicas diariamente. Es mucha agua que bombear. Incluso, si superáramos todos estos desafíos, todavía habría un problema subyacente que podría hundir todo el proyecto. Y te estoy hablando de la corteza terrestre.

La corteza terrestre tiene solo unos 30 kilómetros de grosor, con un manto suave debajo. Al igual que una casa en un suelo inestable, la torre comenzaría a hundirse con los años, ya que la corteza terrestre sería incapaz de sostener su peso. Así que, por ahora, tal vez tengamos que conformarnos con las torres que ya tenemos. O, si realmente quieres una espectacular vista del espacio, podrías visitar la Estación Espacial Internacional. Y mientras estás allí, ten cuidado de no dejar caer una de tus herramientas. O algo peor... un filete.

¿Qué pasaría si tuvieras un gemelo cósmico?

¿Qué pasaría si hubiera otra versión de ti, en algún lugar del universo?

Una versión de ti que podría ser cualquier otra persona. Una versión en la que eres Batman. O imagínate a tu otro yo como presidente de Estados Unidos. Todo esto y más sería posible en un multiverso.

Bueno ¿qué es exactamente un gemelo cósmico?

Es alguien que puede ser prácticamente idéntico a ti. Tiene las mismas moléculas, células sanguíneas y proteínas, pero vive una vida completamente diferente. No sólo vive de manera diferente, sino que vive en un universo totalmente distinto. Espera, pensé que solo había un universo…

Solemos pensar que el universo es todo lo que existe en el espacio. Pero, en realidad, el universo es solo las cosas que podemos observar. El universo observable tiene un radio de aproximadamente 47.000 millones de años luz.

Es lo más lejos que podemos ver, pero el universo está en constante expansión. ¿Quién sabe qué más habrá allí afuera? El espacio es infinito, por lo que hay posibilidades infinitas. Desde la década de 1950, los físicos han teorizado sobre otros universos posibles. Hay muchas teorías diferentes sobre lo que estos universos podrían ser y cómo se comparan con el nuestro.

Una de ellas habla de universos burbuja y de la teoría de la inflación eterna. En pocas palabras, esta teoría habla de múltiples big bangs que ocurren en el espacio y el tiempo. Tuvimos nuestro big bang hace 13.000 millones de años, pero en todo el espacio, podrían estar ocurriendo otras grandes explosiones. Esto está creando múltiples universos y esos universos podrían estar generando aún más universos.

En algún lugar, el mundo está gobernado por perros. En otro, todos viven bajo el agua. Y en otro, el mundo es exactamente como el nuestro. Y no estamos seguros de si estos universos realmente existen porque están tan lejos que no podemos verlos. No tenemos certeza.

Otra teoría aborda la idea de que el espacio es mucho más grande de lo que creemos que es. Habla de cómo nuestro universo es un objeto tridimensional que flota alrededor de un espacio mucho más grande que, potencialmente, alberga una docena de dimensiones.

En esta teoría, hay otros universos apilados en la parte superior e inferior de nuestro universo. Los otros universos podrían ser como el nuestro o podrían ser totalmente diferentes.

Puede que no solo tengas un gemelo cósmico, podrías tener trillizos o quintillizos cósmicos. ¡Podría haber cientos de nosotros en universos diferentes! Uno podría ser una buena persona, mientras otro podría ser un chico malo. Tu gemelo cósmico podría ser prácticamente cualquier cosa.

Puede que ni siquiera sea humano. Puede ser una esfera de energía, un árbol o un animal. Pero con todos estos gemelos cósmicos, hay más universos que podrían aparecer a partir de las decisiones. Estos se conocen como universos hijos. La teoría señala que cada decisión que tomes puede conducir a un universo diferente, con resultados diferentes. Digamos que estás caminando al trabajo y hay dos rutas que podrías tomar. Hoy te sientes un poco cansado, así que tomas un atajo por un callejón.

En tu universo, llegaste a trabajar a tiempo. Pero, en otro universo, tu gemelo cósmico tomó la ruta larga, encontró 5 dólares en el suelo, compró un boleto de lotería y, ahora, es millonario. Así que, en algún otro lugar, hay otra versión de ti viviendo una vida completamente diferente.

Genial ¿no? Cada decisión que hayas tomado podría haber creado otro universo con una versión completamente diferente de ti. ¿Serías capaz de conocer alguna de estas otras versiones de ti en los otros universos?

En teoría, sí. Tendrías que poder viajar muy lejos y encontrar una manera de llegar hasta allí. Los físicos aseguran que, probablemente, tendrías que saltar a un agujero de gusano y viajar por al menos un gúgolplex de años luz.

Un gúgolplex es 1 seguido de un gúgol de ceros. Y un gúgol es 1 seguido de 100 ceros, así que estamos hablando de un largo viaje. Infortunadamente, es poco probable que conozcas a tus gemelos cósmicos, al menos, no en este universo.

Pero, tal vez haya un universo donde los agujeros de gusano sean tan asequibles como los autos y puedas abordar uno de ellos para viajar a cualquier lugar.

¿Qué pasaría si atrapáramos un visitante interestelar?

Un invitado inesperado ha llegado a nuestro sistema solar. Este es OUMUAMUA. Parece una roca muy extraña, pero bueno, es un objeto interestelar y recorre el espacio de una manera que ni siquiera puede ser explicada por la gravedad.
¿Qué diablos está pasando aquí?
Estos objetos atraviesan nuestro sistema solar de vez en cuando, pero solo durante un corto tiempo. Son básicamente cajas misteriosas gigantes que flotan en el espacio. Y están llenas de secretos.
¿Y si lográramos atrapar uno?
Bueno, oficialmente tenemos un caso. ¿Qué tendríamos que hacer para engancharnos a uno de estos objetos flotantes, llenos de misterio?
Empecemos con nuestro principal sospechoso, Oumuamua.
Oumuamua pasó cerca de la Tierra en 2017 y ha sido descrito por los investigadores como "nada parecido a cualquier otra cosa en nuestro sistema solar". Las nuevas simulaciones por computador revelaron una posible historia del origen de este objeto interestelar. Sugieren que un planeta fue destrozado por su estrella natal, dejando así una estela de fragmentos largos y delgados.
Algunos de estos fragmentos habrían sido lanzados al espacio. Millones o miles de millones de años más tarde, Oumuamua aterrizó en nuestro sistema solar.
Eso significa que, si lográramos atrapar a Oumuamua y a otros como él, podríamos conocer los secretos de planetas alienígenas ya desaparecidos.

Bueno, es un poco apresurado, pero piensa en las posibilidades.

Aunque primero tenemos que atrapar a esa cosa. Para observar un objeto interestelar, el tiempo lo es todo, así que tenemos que actuar rápido. Richard Linares, del MIT, propuso el concepto de una "resortera orbital dinámica para los encuentros con objetos interestelares".

Sugirió el uso de satélites estáticos, habilitados por una vela solar, para cancelar la fuerza gravitacional del Sol, no importa lo lejos que esté. Esto crearía una fuerza propulsora, permitiendo así que el satélite se cerniera indefinidamente.

Esencialmente, estos satélites estarían vigilando la eventual aparición de un objeto interestelar. Digamos que nuestra operación de vigilancia es todo un éxito y nos las arreglamos para atrapar uno.

¿Qué podría significar esto para la humanidad?

Bueno, para empezar, sería algo increíble. Cuando Oumuamua fue descubierto en 2017, era diferente a cualquier cosa que hayamos visto en nuestro sistema solar, lo que también significa que era algo increíblemente confuso. Si capturáramos un objeto interestelar, podríamos aprender qué tan seguido y frecuente es el tránsito de objetos entre sistemas solares, ayudándonos a entender la viabilidad de los viajes entre estrellas y, tal vez, descubrir que no estamos solos en el universo. Es solo uno de los secretos que un objeto como este podría revelar.

Pueden contener valiosos recursos que podríamos extraer. Esto podría abrir una era completamente nueva para la humanidad, con tecnologías innovadoras e, incluso, más. La mala noticia es que a los humanos no nos gusta compartir los juguetes. Habría grandes debates sobre quién se quedaría con los objetos interestelares.

Necesitaríamos una gran coordinación para abordar nuestro último descubrimiento. Y, bueno, solo si un gobierno informara que capturó un objeto interestelar. ¿Por qué un gobierno lo mantendría en secreto?

Bueno, no estoy diciendo que este objeto interestelar pueda albergar extraterrestres, pero es un objeto alienígena. No importa, es increíble. Lamentablemente, todavía estamos muy lejos de desarrollar tecnología para capturar objetos interestelares. Dicho esto, tenemos la intención, la ambición y la motivación para hacerlo. Cuando podamos observar más objetos interestelares, será más fácil identificarlos y, tal vez, estudiarlos. Todavía hay muchos secretos en la galaxia y quién sabe qué podemos encontrar.

¿Qué pasaría si empezáramos a extraer minerales de los asteroides?

El espacio está lleno de tesoros. Literalmente. Si pudiéramos extraer los recursos de las rocas solo en el cinturón de asteroides, podríamos darle 100.000 millones de dólares a cada persona en la Tierra.

¿Y si comenzáramos a hacerlo mañana mismo?

Cerca de 800.000 asteroides divagan libremente en el sistema solar. La mayoría hace parte del cinturón de asteroides entre las órbitas de Marte y Júpiter. Pero no tendríamos que ir tan lejos. Hay cerca de 16.000 asteroides rondando la Tierra. Llevan desde agua hasta oro, listos para ser recolectados. Incluso si superáramos todos los retos técnicos para lograr extraer los tesoros de estas minas espaciales, ¿podríamos traerlos a la Tierra? Bueno, podríamos hacerlo y sacarle provecho, en especial por minerales como fósforo, zinc, estaño, plomo, plata, oro, cobre y otros elementos que ya escasean en la Tierra.

Pero transportar todo esto a la Tierra en grandes cantidades puede sin duda disminuir su valor. Tendría mucho más valor esta extracción si usáramos esos recursos para explorar el espacio.

Lo sentimos por la Tierra, pero prometemos volver. Con toda el agua y los materiales de construcción que flotan en nuestro sistema solar, no tendríamos problemas para colonizar la Luna o Marte.

Enviaríamos un equipo para explorar Europa, una de las lunas de Júpiter. Y con seguridad, viajaríamos más allá de nuestro sistema hasta llegar a otros sistemas estelares y exoplanetas. Pero volvamos por un momento a la Tierra.

Científicos sugieren que, en los primeros años del sistema solar, cuando la Tierra era un planeta sin vida como Venus, los asteroides fueron los primeros en llenar de agua nuestros océanos. Constantemente chocaban contra nuestra joven Tierra y no solo dejaban agua, sino complejas moléculas orgánicas. Los asteroides hicieron posible la vida en la Tierra y podrían hacerla posible en el espacio también.

Imagina que estás en un paseo por Europa, pero no tienes estaciones de gasolina en tu camino. Tendrías que llevar todo el combustible contigo. Pues viajar en el espacio es aún peor. Estamos atrapados en la gravedad terrestre. Es tan fuerte que nos quita más energía los primeros 300 kilómetros para salir de la Tierra que los siguientes 300 millones de kilómetros de viaje.

No es eficiente quemar todo ese combustible en un solo viaje a un asteroide. Por otro lado, el recorrido lejos de la gravedad terrestre no tiene muchos problemas. Si comenzáramos a extraer minerales de los asteroides, no tendríamos que llevar mucha gasolina. Podríamos ir tan lejos como lo hayamos imaginado. De estas rocas extraeríamos agua, un elemento esencial para mantener la vida humana en cualquier lugar del espacio.

El agua nos ayudaría a mantener una buena higiene, a cultivar alimentos y a producir aire respirable. También serviría como combustible. Solo tendríamos que refinar las moléculas de agua para convertirlas en un propulsor de alta eficiencia. De alguna manera, los asteroides serían nuestras estaciones de gasolina.

También nos servirían como proveedores de materiales de construcción. Usaríamos metales de los asteroides como el hierro para construir estructuras de bajo costo y de varios tamaños. También extraeríamos metales preciosos como oro, plata o platino. No los usaríamos para hacer el anillo de compromiso de nuestra nueva novia extraterrestre, pero sí los utilizaríamos para fabricar dispositivos electrónicos, componentes de naves o equipos de laboratorio.

Es solo cuestión de tiempo antes de que podamos extraer los recursos que el espacio nos ofrece. Primero tendremos que aprender más sobre los asteroides y su gravedad, determinar qué tipo de equipos de extracción usaremos y averiguar cuáles son esos asteroides que tienen más recursos.

Cuando logremos dominar estos aspectos técnicos, nos quedaría un asunto pendiente.

¿Qué tal si una compañía o un país lograra ganar la carrera para extraer minerales y privatizar los recursos espaciales?

Bueno, eso alteraría nuestro sistema económico, pues esa empresa o esa nación tendría el control del mundo, en la Tierra y en el espacio. En vez de extraer minerales de los asteroides, tal vez podríamos terraformarlos y poblarlos.

www.ingramcontent.com/pod-product-compliance
Lightning Source LLC
Chambersburg PA
CBHW071505220526
45472CB00003B/922